【實例分析相結合，理論與實踐完美融合】

◎ 掌握面試技巧，開啟職場成功之門
◎ 打造個人品牌，塑造獨特職業形象
◎ 溝通策略解析，建立和諧職場關係

目錄

目錄

目錄

前言

近幾年，大學畢業生逐年增多，使就業形勢更加緊張，即使是熱門科系的畢業生，也要不斷調整自己的價值，才能在激烈的競爭中獲得理想的職業。

每個求職者都應對自己的能力有客觀的認知，在找工作時才能樹立良好的心態，主要表現在以下幾個方面：

一、確定適當的就業目標。個人的就業目標應和自身能力相符，這樣才有利於樹立信心。

二、避免從眾心理。在找工作時，目標的確立會受到其他應徵者的影響，虛榮心、僥倖心理會動搖原有的就業目標，採取不切實際的從眾行為。求職者若不是從自身特點、能力和社會需求出發，而是盲目比較，將會非常不利於自身的長遠發展。

三、避免理想主義。價值居高不下，已經影響到一些人的順利就業。一些求職者，尤其是一些條件較好的畢業生，因為找工作時不能及時調整自己的價值，導致錯過了其他許多機會，甚至造成就業困難。

另外，決定就業成功與否的因素有很多，但其中最重要的是我們的知識與能力，而如今企業對人才的要求也越來越高。所以，要想選擇理想的職業，就必須自動把自己的學習與今後的工作緊密連結，以適應將來的工作職位。

相信在讀過本書之後，讀者就能夠對自己將來的職業選擇有準確的定位。也由衷祝願每一位求職者在職涯上心遂所願，找到理想、並且能為之奮鬥一生的工作！

前言

第一章
選對方向，做好職業規劃

一、去還是留 —— 規劃好你的職涯

當前，Y 是 X 公司 IT 部門的員工。

早在大學四年級，Y 就到一家軟體公司實習了，實習薪水兩萬多元。臨近畢業時，X 公司的老闆給他打了個電話，想請他幫忙建設企業網路，他們正在投資六千萬建設廠房和辦公大樓。Y 欣然應允。

隨後，Y 就幫忙負責設計網路、招標、採購設備。X 公司的老闆非常器重他，他也覺得非常充實、愉快。隨後，Y 就沒去原來的軟體公司實習，而是留在了 X 公司實習。儘管實習薪水不高，但工作比較充實，是負責弱電工程（網路、電話、監控）的具體實施。

當時，Y 就立志將來做一個 CIO，要為這家公司的資訊化建設做出點成績。後來，Y 滿腔熱情的報名參加了「助理企業資訊管理師」考試，並拿到了證書。畢業後，很自然的就留在這家公司。

經過兩年的鍛鍊，Y 漸漸成了 IT 部門的核心，相當於 IT 部門的主管。儘管部門的人不多，但工作比較充實。Y 的日常工作主要負責維護弱電系統、網路維護、電腦維修、軟體安裝以及有關資訊化專案的鑒定驗收資料（是一個市級項目，主要是來驗收公司的智慧設備）。偶爾，還給老闆做個演說報告等。但是，至今沒有實施過任何資訊系統。

公司的一個副總曾對 Y 說，他很看重 Y，Y 很受主管器重。

又過了兩年，Y 慢慢就覺得心裡有些不平衡了：現在公司的資訊化一直沒有新進展，缺乏鍛鍊機會。另外，作為傳統企業的 IT 部門，雖然做了不少事，可薪水不高，遠沒有一些軟體公司的薪資高。

Y 很困惑，目前，在 IT 部門的職能就是維護系統和網路，僅僅是「修理工」的角色。想提高技術，卻缺少實踐機會；想深入行業中，涉足管

理，使 IT 部門日後成為資訊化實施的主導吧，又覺得沒有那個能力，特別是，資訊化策略規劃一般是由專業諮詢公司才能做的工作，IT 部門怎麼能做得好呢？

當前，Y 還遇到了一個跳槽的機會，有一家軟體公司要挖角他，想讓他做一些具體的軟體發展工作，薪水比現在要高。

Y 很困惑，到底是去，還是留？如果留下，是不是一輩子就幹「修理工」的工作呢？如果跳槽，又背離了自己朝「企業資訊化」發展的初衷。

一般，IT 部門在企業中的地位，往往決定了該部門人員的職業發展走向。一些資訊化做得好的企業，IT 部門的地位相對較高，IT 人員的發展前景比較好。相反，資訊化起步比較晚的企業，IT 人員的職業前景相對黯淡。

IT 人員該如何規劃自己的職業發展方向呢？面對當前的困惑，以及外界的誘惑，Y 是去還是留？

評論：

(一) 跳出目標看方向

在合適的時機為自己規劃未來發展的方向，能夠讓自己既能安心在目前所在職位上累積學習，又能促使個人的職業發展曲線保持上升的發展趨勢。

從職業發展週期來看，畢業四年的 Y，此時正處在一個自我反省與客觀環境評價進行對比的「矛盾動盪期」。即，一方面，經過幾年的累積和學習後，自己是否獲得了一定的能力和經驗；另一方面，企業所提供的機會和資源是否能夠滿足自己發展的需要？在兩方面比較與評價之後，來思考個人未來的職業發展方向。

第一章　選對方向，做好職業規劃

Y 從大學剛畢業就有了自己明確的目標 —— 成為企業的 CIO，並且為這個目標而不斷的努力。這和那些只求在公司中有「一口飯吃」、謀得「一官半職」就滿足的人們相比，他有著更清楚的奮鬥目標，因此，他才會陷入到「痛苦的抉擇」中。

但是，由於 Y 狹隘的理解了「目標」和職業發展之間的差別，Y 才會陷入到過於具體且狹窄的目標中，反而缺乏客觀的評價自己與外部環境的能力。

這一點，基本上是和不清楚職業發展規劃的含義和發展規律有關，而只是粗淺的將「目標＝方向」，才導致「抉擇」的問題。

從三個方面做職業規劃

那麼，「職業發展規劃」在規劃什麼（what）？在何種時機下進行規劃（when）？應該如何來進行規劃（how）？這是所有與 Y 有著類似困惑的人們所首先要回答的問題。

第一，對自己進行「職業發展規劃」，應該規劃什麼？

首先，規劃的對象是自己，就是要讓自己獲得最大的發展。但是由於人們往往受到當前條件和價值觀的影響，所謂的「最大發展」是會呈現出階段性的差異。

這就說明，人不可能對自己的規劃在一夜之間一蹴而就，這裡的規劃其實包含了「長期計畫與階段反省」的含義在裡面。

第二，要清楚「兩種目標」。即規劃自己的外在職涯目標和內在職涯目標。所謂外在職涯目標，指未來期望的職務目標、工作內容、工作環境、經濟收入、工作地點等。所謂內在職涯目標，指要求未來具備的觀念、能力、成果、心理素養、知識體系等。

而外在目標是內在目標的表現形式，內在目標才是職業發展規劃的核心內容。如果僅僅注重外在職涯目標的設計，那麼在為之努力的過程中，往往會容易迷失方向，出現急於求成、急功近利的行為。

第三，要進行「兩類規劃」，即人生規劃和目標規劃。所謂人生規劃，就是要大概的為自己的生命設計一個「活法」，扮演什麼社會角色，這個規劃的意義不在於去做什麼，而是要成為什麼樣的人，在哪個年齡階段去做哪些事情。

所謂目標規劃，要在自己職涯中設計階段的目標，一般以三至五年為一個週期，要把這個時間內要實現的狀態，以具體的行為方式表達出來。

人生規劃是我們所有行為的最終要義，不管我們在做什麼從事什麼職業，最終要展現在自己在社會中扮演什麼角色、展現出什麼樣的價值。而目標的規劃，則讓我們從「遙遠」的規劃中看到希望，知道自己怎麼樣一步步達到最後的目標。

(二) 選擇合適的規劃時機

接下來，在什麼時候進行規劃？「想什麼時候規劃就什麼時候規劃」的想法是錯誤的。

因為我們對自己進行職業規劃是需要一定的條件和基礎的。太早，我們不清楚自己真正的價值、興趣和優勢所在；太晚，則可能錯過了最佳的累積時期。

由於每個人所處的發展階段、環境、個人條件不同，不可能存在統一的最佳規劃時間，但是每個人可以根據一定的原則來選擇現在是不是規劃自己職業發展的最佳時機。

第一，是否缺乏「合度」？即你與這家企業、與你所在的職位是否「合得來」？如果企業的發展策略重點已經將你的自身優勢排除在外，你需要考慮未來的發展；如果你對目前的職位不適應、不喜歡，你就需要重新規劃自己的未來了。

第二，是否缺乏「深度」？即便你與企業、所在職位有較高的「合度」，但是你發現你所在職位的技能對於你來說已經沒有可以學習的技能了，也就是你只在輸出而沒有輸入了，你就需要考慮自己未來的問題了。

第三，是否缺乏「廣度」？根據你對公司文化和價值的判斷，自己是否有希望從事與自己所在職位相關性的工作？或者對於自己來講，是否有興趣從事這些相關的工作？當你在一家公司的發展期間受到了限制的時候，你要小心自己在公司的發展可能具有威脅。

總之，在合適的時機為自己規劃未來發展的方向，能夠讓自己既能安心在目前所在職位上累積學習，最大限度的創造價值並實現自己的價值，避免盲目跳槽，同時又能促使個人的職業發展曲線保持上升的發展趨勢。

（三）四步規劃職業發展

如何進行進行職業發展的規劃？

美國學者羅賓斯（S. Robins）博士將職涯分為五階段——探索期、建立期、職業中期、職業後期、衰退期。在每個發展階段，職業發展規劃的側重和要點有所差異。

結合 Y 的情況，我們重點介紹人們在建立期進行職業發展規劃的方法。該階段的特點是，已經完成了從學生時代到企業員工的過渡，開始從學習階段進入到進步提升階段，為下一個全面掌握階段打基礎。對其進行規劃的方法分為三步走：

第一，選擇方向。在綜合了個人經歷、志向、興趣等內容的基礎上提煉出個人所需要努力的方向。例如 Y 要在三至五年的時間內，從事與 IT 有關業務的管理性質的工作，能夠獨立運作專案。

第二，條件分析。自身尚不具備哪些能力？目前最大的優勢和資源有哪些？現在尚缺哪些條件？例如對於 Y 來講，要成為一位具有高級管理能力的 CIO，目前尚不具備任何優勢資源。因此他必須透過技術鍛鍊和管理經歷的累積獲得這種資源。

在目前有了基本管理經驗的基礎之上（優勢），尚缺乏較強的管理素養和策略眼光，在溝通能力和專業技術方面欠缺（劣勢），現在要正確判斷 X 公司是否真的沒有提供個人發展的機會（是否尚缺條件）？這家公司能否為自己提供彌補不足的機會（是否是機會）？

第三，目標分解。將職業發展方向細化到每一年的工作目標中，具體可以從內在和外在的發展目標進行計畫，例如一年內完成哪類專案、做到什麼職位、年薪計畫（外在目標），如何培養自己的溝通能力、掌握哪些技能、鍛鍊哪些素養（內在目標）等。

第四，實施計畫。在實施的過程中以及階段目標實施結束後，要進行第五步的階段總結。

當然，職涯的發展並不像一根被壓緊的彈簧，只需要自然擴展就可以了。它的目的不是束縛人們，而是有意識的指導人們的行為。

因此，人對自己的認識和對目標的認識，也是可以左右搖擺的。而且可以在各種經歷的嘗試中，發現自己真正的興趣所在。這樣，人們的職涯就可以進入到一個新的階段。

二、看準職涯規劃的「支點」

職涯規劃的三個支點

在對自己進行職涯規劃時，先要確立一個支點，這個支點就是：我為什麼工作。

當年比爾蓋茲大學沒讀完就去闖蕩江湖，結果以他獨特的才智獲得成功，顯示了自身價值。比爾蓋茲的職業規劃支點就是事業的發展。

鄰居家的工程師老夏，退了休還整天去郊區合資廠發揮餘熱。每週五我見他回來就要勸他：「看穿一點，退休享享福，出去旅遊旅遊。」而老夏總是回答：「工作就是享受，不工作我就會生病。」老夏的工作支點是尋找快樂。

職涯規劃有三個層次的支點：生存支點、發展支點和興趣支點。

如果立足生存支點來規劃職涯，會把薪資作為主要導向。總是在想明天能不能找到薪資更高的工作，一有獲取高薪的機會就會跳槽，而常常忽略自身成長。待到遇上職業瓶頸，薪資沒了成長空間，而技能又沒學到多少，身價便會每況愈下。在如今這個知識更新越來越快的時代，在為現在的高薪得意時，更要想想如何保持高薪。所以，如果一直以生存為支點來做職業規劃，是一種只重現在不看將來的短視行為，不會感到工作的快樂，也不會獲得事業上的成就感。

如果立足發展支點來規劃職涯，會以自身的進步作為導向。即使所從事的職業並不特別喜歡，薪資也並不特別高，也會努力做好。對你來說，從中獲取的經驗和技能最為重要。這些收穫讓你增值，幫助你實現未來事業上的成功。除了有物質上的收穫外，還有精神上的收穫，如榮譽、地位等，最終成為職場上的搶手貨。不過，這種職業修練過程需要不斷挑戰自己的極限，鞭策自己向前邁進，可能會承受工作壓力的考驗。

如果是立足興趣支點來規劃職涯，會以快樂作為導向。並不一定在乎眼前的薪資多少，也不在乎將來能獲得什麼地位與榮譽，能找到喜歡的職業，能享受工作的過程，就會對工作投入極大熱情，忘卻疲倦，甚至感到生命變得燦爛多彩。就像鄰居老夏那樣，工作成為享受，成為娛樂，不知不覺中就出了成績。喜歡是做好一件事的前提，興趣是成功的最大驅動力。

不過，現在職場競爭激烈，你有興趣的工作常常別人也感興趣，你要知道自己的優勢和劣勢，採取合適的策略去獲取。

結合內外部因素確定支點

職業規劃既要考慮外部因素，諸如就業環境、家庭狀況、自身發展情況等，又要考慮內部因素，諸如能力、專業知識、愛好、性格等。

根據外部因素來確定一個合適的支點。如果目前知識、經驗及能力儲備豐厚，可以以發展支點或快樂支點來規劃自己的職涯，在職場選擇有潛力的職業或感興趣的職業。如果初出茅廬，經濟拮据，不妨以生存支點來規劃自己的職涯，從一些簡單的職業做起，不要好高騖遠，等待職場修練到某種程度後，再重新規劃職涯。

根據內部因素來確定一個合適的職業。職業選錯會影響成功概率，美國專家曾做過統計，內向型的人從事銷售職業，成功的概率低，且比外向型的人付出更多的代價。可透過專業的人才測評，實現對自身特質的系統了解。

我們在做職業規劃時，還要根據自己的職場修練程度適時改變職業規劃支點。當解決了溫飽問題後，就要將原來的生存支點轉移到發展支點上來，重新調整自己的職業規劃。即使目前的工作能獲取高薪，但知識及技術含量不高，沒有什麼發展空間，也不該多留戀。或者以興趣支點來重新規劃，找一份原來夢寐以求的工作，也許薪資並不一定比原來高，但只要足以維持體面的生活即可，這是職業的最高層次。這時，工作就成為生活中的一種享受。在這個人才、行業、知識快速更新的時代，只有根據實際情況快速轉移職業規劃的支點，才能立於不敗之地。

除了上述單一支點以外，在做職業規劃時也可以採用多支點策略，如將生存支點與發展支點結合考慮，或者將發展支點與興趣支點結合考慮等等。支點複合越多，職業規劃的難度也就越大。一般說來，職業規劃應該先從單一支點起步，隨著知識、技能、經驗等的累積，再逐步採用複合支點。職業規劃應該一直伴隨著職涯的發展。即使是在一個你認為值得終身從事的職業上，也還存在著是繼續努力，還是滿足現狀的選擇 —— 是將職涯放在生存的支點上，還是放在繼續發展的支點上呢？

人生的目標在於追求生活的快樂。快樂的工作是我們的追求，而這種快樂並非貧窮的快樂，而是建立在無衣食之憂的基礎之上。老夏還在工作，比爾蓋茲的錢多得用不完也還在工作。工作對他們而言並不是為了生存，而是一種快樂，這是職涯規劃的終極目標。願大家都能從事一份自己喜歡的工作。

三、你職涯成功的祕訣在哪裡

(一) 充分認識內外職涯

如果把我們的職涯比作是一棵樹，你想不想讓你這棵樹常青？你願不願意讓你這棵職涯之樹枝繁葉茂，碩果累累？

在培訓中我常常做一個活動，就是請參訓的學員在他們的筆記本上畫一棵樹。我說：「這棵樹代表你的職涯，請你畫一棵完整的樹。」結果有的人把自己的那棵樹畫成是一棵參天大樹，有的人把自己的那棵樹畫得好像一棵小草，還有的人把自己的那棵樹畫成了枯枝敗葉。

我對學員說要畫一棵完整的樹，不僅僅是目前狀況，還有將來發展的結果，加點東西，把它畫完整。於是這些學員又加了好多東西：枝、葉、果。我對他們說再加點東西，思考半天，他們問我，陳博士，再加點什麼呢？一棵大樹，要想枝葉茂盛，碩果累累，它要怎麼樣？

它必須得是：根深蒂固！

一棵樹，如果長在肥沃的地方，它的樹根與樹冠的比例是多少呢？如果要把主根、徑都算上，差不多有一比一的關係。

如果這棵樹是長在土壤比較貧瘠的地區，樹根與樹冠的比例，可能是二比一至三比一，所以貧瘠地方的孩子，他們要成功必須付出更多，而我們有什麼理由不珍惜現在的生活？

如果一棵樹長在岩石地區，長在沙漠地帶，樹根和樹冠的比例可能會達到五比一，也就是說，條件越艱苦，環境越惡劣，樹根越得向大地中去生長，從大地中汲取營養、汲取水分。

可以想像：如果一棵樹，樹扎根扎得不深，紮得不廣，上頭倒是長了很多枝葉，長了很多果實，很大的果實。但是這棵樹會怎麼樣呢？其實，他更容易倒下！對於我們的職涯來說，外職涯是我們的枝葉，是我們的花果，內職涯是我們的樹根。

內、外職涯的定義：

外職涯指的是從事一種職業的工作時間，工作地點，工作部門，工作內容，工作職務與職稱，薪資待遇，榮譽稱號等因素的組合及其變化過程，也就是透過我們的名片，透過我們的證書，透過我們的薪資單去表現出來的東西。

內職涯是從事一種職業時的知識，觀念，經驗，能力，心理素養，內心感受等因素的組合及其變化過程。

內職涯是我們職涯之樹的根，內職涯的發展程度決定了外職涯的發展程度。

（二）深刻理解內外職涯

外職涯：通常是由別人決定，給予，認可，也很容易被別人否定、收回或剝奪。

內職涯：主要靠自己的不斷努力而獲得，不隨外職涯而獲得，而自動具備，也不會因為外職涯的失去而自動喪失。在職涯發展中，應該緊緊的把關注點放在內職涯的發展上。

內、外職涯的關係：

內職涯的發展是外職涯發展的前提；內職涯的發展帶動外職涯的發展；外職涯的發展促進內職涯發展。

我問那個畫樹的人：你畫了那麼多果實，樹枝，樹葉。但是你畫樹根了嗎？你要想枝繁葉茂，碩果累累，就一定要根深蒂固！有些大學生去找工作，一開始就只關心待遇（多少錢？什麼時候加薪？有集體宿舍？宿舍裡有電話嗎？有寬頻嗎？等等），關心的都是外職涯的內容。結果往往用人公司很反感，也對他沒有信心！就好像我們找對象，你一見面就問對方拿多少薪資，有多少存款，你說你們今後的感情會發展得很好？可能性比較小！如果你把你的目光先放在內職涯上呢？你們公司需要什麼樣的人才？需要具備什麼樣的觀念和能力？我能爭取到什麼樣的鍛鍊機會，我用多長時間可以達到公司對我的要求，你把焦點放在這裡，也就是放在根本上。我想你就更容易得到你的主管和你的企業的賞識。

當你的根長得越深越廣的時候，可以吸收更多的營養和水分的時候，你會怎麼樣？

你自然而然會長出很多的枝芽，會長出很多的花蕾，會結果實。如果你理解了、接受了外職涯和內職涯的這個觀念，你突然會想明白，你永遠不會沒有工作。

比如尋找工作，其實這本身就是一個工作。對於很多人來說，尋找工作就是你的第一份工作，而且是自己學會做老闆的工作。這個工作永遠不會沒有收入。經驗教訓都是收入，而且自己決定薪資高低，你在找工作的過程中，你得到的是內職涯的收入。

內職涯的發展是以外職涯發展來展現和作成果展示的，內職涯的匱乏是以外職涯的停滯或失敗呈現的。如果你的內職涯跟不上，即使給你一個職務，你也做不好。有人說，那我把內職涯先做好，再出去工作行不行？比如讀書與工作，就像我們蓋大樓，先打好基礎，再蓋高樓。但內外職涯的關係，不僅僅是打基礎和蓋大樓的關係這麼簡單。它真的就像樹根與樹冠的關係，交替進行，互相促進。並且我們還要時刻注意我們的內、外職涯發展的現狀。

一、內職涯超前時的表現：

（一）內職涯比外職涯超前恰當時舒心，說明你具備了知識，技能剛剛可以把工作做好。

（二）內職涯比外職涯超前較多時煩心，這時候你感到工作沒有挑戰性，也不太盡心工作，不認真負責，覺得大材小用，心裡難以平衡。

（三）內職涯比外職涯超前太多時要變心，你感到在這裡受到壓抑，根本無法發揮你的能力你要尋找新的發展空間。

二、外職涯超前時的表現：

（一）外職涯比內職涯超前恰當時有動力。

（二）外職涯比內職涯超前較多時有壓力。

（三）外職涯比內職涯超前太多時有毀滅力。

對於個人的內、外職涯，要爭取有的時候內職涯超前，有的時候外職涯超前：

（一）總是外職涯超前：壓力大。

（二）總是內職涯超前：很煩。

對於企業要注意，如果員工總是：

（一）外職涯超前：企業損失。

（二）內職涯超超前：人才流失。

三、職涯快速進步的祕訣

在職涯道路上成功的祕訣就是內職涯的不斷發展，尤其是職涯初期的人，更要關注內職涯的發展，這個時候你的付出要遠遠超出你的收入，你要吃得起苦，受得起累，還要吃得起虧。要對你的收入，職位，知識，能力，觀念之間的關係有正確認識。

我有一個同事，一九九四年和我一起到大城市，一起在一個公司做推銷員，當時我們公司要求每天每個人要拜訪八個客戶，我從來都是拜訪十五個，自己利用機會鍛鍊自己，我的這個同事，出去拜訪客戶，就偷懶去看電影，還編造客戶拜訪記錄。這是一九九四年的事情。十年後，他還是一般人員，我已經讀完博士，擔任過合資企業的總經理，那個同事見面很感慨，很羨慕我，說我們現在有很大區別，很大差距。其實這個區別、這個差距是來自十年前。那麼，我們應該具備什麼樣的工作心態呢？很多人說我們是為老闆打工的，我們聽主管的，錯！你不光為老闆打工，為企業打工，你更應該在為自己的夢想打工！

在職涯發展的過程中，什麼時候你的工作熱情和努力程度不再為待遇不高，不再為別人評價不公而減少，從這個時候起，你就開始為自己打工了。很多人以為自己開公司就不用看別人臉色嗎？不！你自己做老闆要看更多人的臉色，看客戶臉色，看競爭對手臉色，看政府部門臉色，甚至看你的員工臉色……

當你給自己打工的時候，你的眼光就從外職涯自然而然的轉向內職涯，為了使你的職涯之樹常青，請你一定要把職涯之根扎廣，扎牢。因為只有根深蒂固，才會枝繁葉茂，碩果累累。

四、職涯中的十二個致命思維

(一) 總覺得自己不夠好

這種人雖然聰明、有歷練，但是一旦被提拔，反而毫無自信，覺得自己不勝任。此外，他沒有往上爬的野心，總覺得自己的職位已經太高，或許低一兩級可能還比較適合。

這種自我破壞與自我限制的行為，有時候是無意識的。但是，身為企業中、高級主管，這種無意識的行為卻會讓企業付出很大的代價。

(二) 非黑即白看世界

這種人眼中的世界非黑即白。他們相信，一切事物都應該像有標準答案的考試一樣，客觀的評定優劣。他們總是覺得自己在捍衛信念、堅持原則。但是，這些原則，別人可能完全不以為意。結果，這種人總是孤軍奮戰，常打敗仗。

(三) 無止境的追求卓越

這種人要求自己是英雄，也嚴格要求別人達到他的水準。在工作上，他們要求自己與部屬「更多、更快、更好」。結果，部屬被拖得精疲力竭，紛紛「跳船求生」，留下來的人則更累。結果離職率節節升高，造成企業的負擔。

這種人適合獨立工作，如果當主管，必須雇用一位專門人員，當他對部屬要求太多時，大膽不諱的提醒他。

(四) 無條件的迴避衝突

這種人一般會不惜一切代價，避免衝突。其實，不同意見與衝突，反而可以激發活力與創造力。一位本來應當為部屬據理力爭的主管，為了迴避衝突，可能被部屬或其他部門看扁。為了維持和平，他們壓抑感情，結果，他們嚴重缺乏面對衝突、解決衝突的能力。到最後，這種解決衝突的無能，蔓延到婚姻、親子、手足與友誼關係。

(五) 蠻橫壓制反對者

他們言行強硬，毫不留情，就像一部推土機，凡阻擋去路者，一律鏟平，因為橫衝直撞，攻擊性過強，不懂得繞道的技巧，結果可能傷害到自己的事業生涯。

(六) 天生喜歡引人側目

這種人為了某種理想，奮鬥不懈。在穩定的社會或企業中，他們總是很快表明立場，覺得妥協就是屈辱，如果沒有人注意他，他們會變本加厲，直到有人注意為止。

(七) 過度自信，急於成功

這種人過度自信，急於成功。他們不切實際，找工作時，不是龍頭企業則免談，否則就自立門戶。進入大企業工作，他們大多自告奮勇，要求負責超過自己能力的工作。結果任務未達成，仍不會停止揮棒，反而想用更高的功績來彌補之前的承諾，結果成了常敗將軍。

這種人大多是心理上缺乏肯定，必須找出心理根源，才能停止不斷想揮棒的行為。除此之外，也必須強制自己「不作為，不行動」。

(八) 被困難「繩捆索綁」

他們是典型的悲觀論者，喜歡杞人憂天。採取行動之前，他會想像一切負面的結果，感到焦慮不安。這種人擔任主管，會遇事拖延，按兵不動。因為太在意羞愧感，甚至擔心部屬會出狀況，讓他難堪。

這種人必須訓練自己，在考慮任何事情時，必須控制心中的恐懼，讓自己變得更有行動力。職場中最有效的生存法！

(九) 疏於換位思考

這種人完全不了解人性，很難了解恐懼、愛、憤怒、貪婪及憐憫等情緒。他們在通電話時，通常連招呼都不打，直接切入正題，缺乏將心比心的能力，他們想把情緒因素排除在決策過程之外。

這種人必須為自己做一次「情緒稽查」，了解自己對哪些感覺較敏感：問朋友或同事，是否發現你忽略別人的感受，搜集自己行為模式的實際案例，重新演練整個情境，改變行為。

(十) 不懂裝懂

工作中那種不懂裝懂的人，喜歡說：「這些工作真無聊。」但他們內心的真正感覺是：「我做不好任何工作。」他們希望年紀輕輕就功成名就，但是他們又不喜歡學習、求助或徵詢意見，因為這樣會被人以為他們「不勝任」，所以他們只好裝懂。而且，他們要求完美卻又嚴重拖延，導致工作嚴重癱瘓。

(十一) 管不住嘴巴

有的人往往不知道，有些話題可以公開交談，而有些內容是只能私下說。這些人通常都是好人，沒有心機，但在講究組織層級的企業，這種管不住嘴巴的人，只會斷送事業生涯。

他們必須隨時為自己豎立警告標示，提醒自己什麼可以說，什麼不能說，什麼樣的 MM 最好找工作……

(十二) 我的路到底對不對

這種人總是覺得自己失去了職涯的方向。「我走的路到底對不對？」

他們總是這樣懷疑。他們覺得自己的角色可有可無，跟不上別人，也沒有歸屬感。

五、你的職場定位明確嗎？

只有明確的職場定位，才能在職涯發展的過程中少走彎路，如今社會人才競爭激烈，機會轉瞬即逝。定位之後，才能根據自己的目標，抓住發展中的每一個機會，接受市場選擇，不斷提高競爭力，從而在職場發展中如魚得水，越游越順。

張子陽是一名工作兩年的市場行銷專業大學生，從工作至今都不是很滿意工作狀態，他現在做第三份工。每次換工作都是草草了事，鑒於就業壓力的原因他總是找到一份可以養活自己的工作就從事了，他怕沒有工作的那種感覺。他以前是班上的優秀學生，學生工作也做得不錯，同學都認為他應該有很好的發展，可是他的工作都是很不起眼的。第一份是做了半年的採購，感覺跟所學沒什麼關係而且簡單，再加上待遇不是很好，就換了；第二份是做了一年的圖書發行業務；目前是在一家網路公司的市場部做客服兼一些市場調查和企劃，公司剛起步，行業也才接觸，感覺無從下手去做，而且待遇很低，本想學經驗的，結果全部要摸索著來，感覺很無助。他個人性格更喜歡和人溝通，但是好像需要有人帶他入門，因為他覺得摸索的路上很沒有安全感，隨時可能會有問題發生。為此，特到可銳職業顧問尋求幫助。

分析認為：

從職場規劃角度來看，張子陽涉及的是職業定位問題：

首先，他本人具有較好的從事市場行銷的基本素養，不僅具有外在的市場行銷專業大學文憑，而且他本人性格開朗熱情，喜歡與人溝通，善於思考。這都是一個優秀的市場行銷人員具備的優秀品質。

其次，他本人也對市場行銷具有極高的興趣。興趣是最好的老師，如果他能找到適合自己的行銷工作，他將會在職場發展上少走彎路，早些步入個人發展的快車道。

第三，從市場行銷這個行業發展來看，具有光明的前途。在全球經濟一體化的今天，買方市場掌握著主動權，優秀的市場行銷人才將是各企業爭奪的最佳人選。

第四，他現在面臨著如何切入本行業的問題。工作兩年來，他沒有找到一份真正的行銷工作，只是在市場行銷的邊緣徘徊。對自己的職場生涯沒有規劃，只是盲目的跟著求職公司走。

建議：回歸行業重樹信心。

張子陽工作兩年，換了三份工作，在哪個領域都並沒有太好的累積，要想在行銷行業有好的發展，現在必須要做出一些選擇。對於他而言，如果可以找一家企業做市場助理或行銷助理，而有一位經驗豐富的上級主管給予指導，可以學到許多行銷經驗。如果把他的專業知識和實際經驗結合起來，經過一兩年的鍛鍊之後一定可以看準職業發展方向。

評論：

類似張子陽這樣，工作兩年後，還沒有找到自己職場定位的不乏少數。沒有定位，就沒有目標，不知道自己最適合做什麼，很可能在職場上誤入歧途。不僅比別人花費了更多的時間和精力，而且還拿不到高薪。

精確的定位是自我定位和社會定位兩者的統一。自我定位就是確定我是誰：我是什麼性格類型的人？我天生擅長什麼？不擅長什麼？社會定位就是我在社會的角色定位。我在社會大分工中應該處於什麼位置？扮演什麼角色？也就是我應該從事什麼職業？職業定位就是在社會分工的大舞臺上確定能扮演我自己的角色。精準的定位源於對自己的了解、全面、系統客觀的評價自己的能力，自己的優勢和劣勢，透過職業傾向性、興趣、擅長等綜合測評，選定最適合做的職業，得出最適合的發展方向。

只有明確的職場定位，才能在職涯發展的過程中少走彎路。如今社會人才競爭激烈，機會轉瞬即逝。定位之後，才能根據自己的目標，抓住發展中的每一個機會，接受市場選擇，不斷提高自己的競爭力，從而在職場發展中如魚得水，越游越順。

六、如何建立正確的職涯規劃？

無論是已經進入社會謀職還是仍在校的在校生，每個人都渴望成功，但卻很少人知道如何找工作。時興創業熱潮的時候，一些沒有商業才能的人紛紛投入去開辦公司，而大學生畢業時，也優先選擇經濟發達地區和知名企業，然後才考慮專業及個人所長。這種一窩蜂逐流的職業選擇方式，欠缺對自身特點和環境的認識，往往造成了職涯的進退兩難局面，阻礙未來在事業上的正向發展。

(一) 職業發展六階段

個人職涯的發展與人生的規劃息息相關，其中的變數包括了求學、婚姻、生子一直到退休養老，可以用兩年內、二至五年、五至十年分別為短、中、長期目標的時間區段，設立個人的職業目標，不同的角色擔負起不同的任務。個人職涯和主要目標可分為以下六個階段：

· **探索階段**：學生。在這個階段的主要目標是發現興趣，學習知識，開發工作所需的技能，同時也發展價值觀、動機和抱負。

- **進入階段**：應聘者。這個階段的主要目標是進入職場得到工作，成為公司的新雇員。
- **新手階段**：實習生、資淺人員。要學會自己做事，被同事接受，學習面對失敗，處理混亂，競爭和衝突，學習自主。在這個階段的主要目標是了解公司，熟悉操作流程，接受組織文化，學會與人相處，並且承擔責任，發展和展示技能和專長，迎接工作的挑戰性，在某個領域形成技能，開發創造力和革新精神。
- **持續階段**：任職者、主管。個人績效可能提高、也可能不變或降低，在這個階段的主要目標是選定一項專業或進入管理部門，保持競爭力，繼續學習，力爭成為專家或職業經理；或是技術更新、培訓和指導的能力，轉入需要新技能的新工作、開發更廣闊的工作視野。
- **瓶頸階段**：高層經理。在這個階段已經達到接近頂端，此時的主要目標是再度評量自己的才幹、動機和價值觀，進一步明確職業抱負和個人前途，接受現狀或爭取更高發展，建立與他人的人際關係，成為一名良師益友，學會發揮影響力與指導力，擴大、發展或深化技能，選拔和培養接班人。
- **急流勇退階段**：繼續發展者可以安然處之，生涯開發停滯或衰退者將面臨困境，在這個階段的主要目標是學會接受權力、責任、地位的下降，並接受因此而轉變的新角色，培養工作外的興趣，尋找新的滿足源，評估自己的職涯，著手計畫退休，可從權力轉向諮詢角色，在公司外部的活動中找到自我的統一。

策略就是選擇與取捨，每個人所選擇的道路不見得會和別人一樣。因此，分析你的需求、長短期目標，並且發覺會面臨到的阻礙，比如自己的知識基礎、觀念、思維方式、技能和心理素養，制定自己的提升計畫，向外界尋求幫助，這些都是有利於個人職涯的規劃。

(二) 職業選擇三步走

如果不先認識自己、分析需求，將難以進行職業發展計畫，自我剖析與定位，是確定人生策略選擇的前提。按照關鍵性，應該從以下三個序列進行，才能選對方向。

個人天賦是首要考慮因素。天賦是與生俱來的人類特質，與可以後天培養、發展的興趣不同，但我們往往不曉得自己的天賦所在，以至於無法出類拔萃，蓋洛普公司所發展的優勢理論恰如其分的證實了這個觀點。不同的職業有不同的天賦要求，也決定了每個員工的工作業績，從運動員、音樂工作者的表現可以明顯的看出。如果屬於嚴謹型的人，個性上比較注重工作過程中各個環節、細節的精確性，願意按一套規劃和步驟，傾向於嚴格、努力的把工作做得完美，以看到自己出色完成工作的效果，此種性格則合適擔任會計、審計、檔案管理員等等。

其次，是興趣因素。在工作中找不到樂趣是大部分人轉換工作的主要原因，有些人喜歡從事具體的工作，並且希望很快看到自己的勞動成果，從完成的產品中得到滿足，那麼從事室內裝飾、園林、美容、理髮、手工製作、機械維修、廚師等則非常合適。反之，要他們僅僅參與作業的過程，並在短期內得不到評價的工作，則在缺乏激勵誘因之下，會因而逐漸喪失工作的驅動力。在《選對池塘釣大魚》這本書裡，作者雷恩．吉爾森將「釣魚」和「生涯規劃」進行比較分析，他舉了一個例子：你剛剛大學畢業，擺在你面前的有兩份工作，一份薪資待遇高，但與自己的興趣並不吻合，另一份薪資待遇低，卻是自己喜歡的，你該如何選擇呢？大多數人的答案是：「我會選擇自己喜歡的工作。」但是，一旦面對現實，當收入水準的高低差距超出了我們心理承受能力時，大多數人都會心理失衡，反而大多數人真實的想法是：「先接受那份待遇高而自己不感興趣的工作，累積一定的財富後，再去追求自己的興趣愛好也不遲」。作者認為，僅僅是為了一點點的差距使我們放棄選擇一個正確方向的機會，實在是很愚蠢。事實上，低薪水本身就是對個人心態的一種考驗，許多人為了得到高薪的工作，往往習慣性的模糊自己的追求和興趣，並且強迫自己和他人相信，這就是最佳的選擇。

最後一個因素才是個人的專業。但是對一個剛踏入職場的新鮮人來說，在學校花了數年所學習的專業知識其實並不管用，充其量只是基礎知識，更多的隱性知識要在工作中慢慢累積取得。為了遷就專業，有時會失去更多的機會成本，畢竟在實際工作中的職業類別比起學校裡有的專業豐富多了，見樹不見林反倒會漏失了不少觸類旁通的機會。進入一個新的工作，IQ 的確重要，這是在對方還不熟悉你的情況之下唯一接受你的指標，而 EQ 是決定升遷的關鍵，這與專業無關，卻與工作環境去留產生聯繫，證明了心理素養與性格，比專業在職業上的表現更值得重視。

(三) 善用目標路徑法則

透過一些職業傾向測驗，能夠對影響職業選擇的主觀因素，有了初步的認知。職業目標的實現，需要透過評估個人目標和現狀的差距，才能制定有效的行動計畫，以下介紹一種簡單的目標路徑法給讀者參考：

首先，把你的個人履歷拿出來放在一邊，準備一張空白紙，在上頭畫上表格，分別填上時間、公司名稱、職位名稱、職位職責、所需要的能力知識和技能，以及你現在的工作內容，然後仔細的填入內容，這是你的現時情況。此外，在另外一張空白紙上，同樣的畫上表格，分別填上時間、公司名稱、職位名稱、所需要的能力知識和技能，以及職位工作內容，把自己個人規劃時間填寫到時間欄目，並且從招聘網站或是報紙的招聘廣告上，收集你感興趣的工作資料，把其他欄目填寫進去，這張就是你的計畫目標。

現在手上這三張紙，分別視為三個點，原點是你的履歷，現在你的位置就是現時情況表格，而各個階段目標點，在你的計畫目標表格上。我們開始記下從原點到現時情況，你花費了多少時間，增加了哪些能力知識和技能，使用同樣的方式，記下從現時情況到計畫目標，需要花費多少時間，還需要增加哪些能力知識和技能，所記下來的內容，就是一份過去歷史的差距與未來的差距分析表。從這份差距表格，檢討自己在時間上、工作上，以及能力知識和技能是否在關聯性上的落差太大，或是產生了偏差或滯後，重新檢討計畫目標表格的內容。填補職位跳躍過度的鴻溝，包括在現時情況表格上，尚未到位的還需要補強的資歷與能力，調整預期的所需時限。

透過目標路徑法完成的這份差距清單，我們才能進行經過回饋與修正的可靠行動計畫，分別在心態、基礎能力（基礎知識、專業知識、實務知識和技能技巧）、業務能力（理解力、判斷力、規劃力、開發力、表達力、交涉力、協調力、指導力、監督力、統帥力、執行力等）、素養能力（智力素養、體力素養、性格個性、態度、自我價值觀等）方面，善用學習管道，比如培訓、同行交流、有經驗的前輩指導、利用資訊平臺、利用媒體、參加社團等進行潛能開發。提供幾點溫馨提示給已經在工作中的朋友，不妨爭取組織資源，運用企業的培訓制度；尋找導師或接近權力核心層人物，參與組織學習，更新技能、態度；或是利用公司內部輪調制度，爭取橫向流動輪換工作位的機會，展開跨業學習，用以有效降低個人在學習上的投資成本。

如何有效做好個人職涯規劃，筆者並不建議完全否定自己、否定過去，而應該以既有成就為基礎，確實評價個人特點和強項，並評估個人目標和現狀的差距，精準定位職業方向，重新認識自身的價值並使其增值以發現新的職業機遇，切記必須將個人事業與家庭聯繫起來，才不會成為職涯發展上的不利變數。

七、你了解職涯的週期性嗎？

個人的職涯都要經過幾個階段，因而，求職者有必要了解職涯的週期性特點，便於求職者針對職涯的不同階段選擇不同的職業發展方向。求職者在職涯週期中所處的職業階段反映了其知識水準及對各種職業的偏好程度，這些將決定其相應職業定位的成敗。

一個人可能經歷的主要職涯階段大體如下：

(一) 成長階段

成長階段基本上可界定在一個人從出生到十四歲。在這一階段，透過對家庭成員、朋友以及老師的認同以及與他們之間的相互作用，逐漸建立起了對自我的概念。在這一階段的開始，角色扮演是極為重要的。因為在這一時期，兒童將嘗試各種不同的行為方式，而這種嘗試使得他們形成了人們如何對不同的行為做出反應的印象，逐漸建立起獨特的自我概念或個性。到這一階段結束時，進入青春期的青少年就開始對各種可選擇職業進行帶有某種現實性的思考了。

(二) 探索階段

探索階段大約發生在十五歲至二十四歲間。這一階段又可分為嘗試期（十五歲至十七歲）、過渡期（十八歲至二十一歲）、初步試驗承諾期（二十二歲至二十四歲）。這一時期中，個人將認真的探索各種可能的職業選擇。他們試圖將自己的職業選擇、對職業的了解、透過學校教育、休閒活動和工作等途徑中所獲得的個人興趣和能力匹配起來。初期，他們往往會做些帶有試驗性質的較為寬泛的職業選擇。隨著個人對所選擇職業以及對自我的進一步了解，其最初選擇往往會被重新界定。探索階段結束時，看上去較恰當的職業就已經被選定，他們也已經做好了開始工作的準備。

個人在這一階段及以後的職業階段中需完成的最重要任務也許就是對自己能力和天資形成一種現實性的評價。現代心理測驗技術在職業領域中的運用和發展為實現評價的客觀性提供了條件。另外，處於這一階段的人還必須根據來自各種職業選擇的可靠資訊來做出相對的教育決策，如選擇興趣小組、填報中考、學測志願、選擇培訓和進修課程等。

(三) 確立階段

確立階段大約發生在二十四歲至四十四歲間，它是大多數人工作生命週期中的核心部分。個人希望在這期間（通常是早期）能夠找到合適的職業，並且全力以赴的投入到有助於自己在此職業中取得永久發展的各種活動之中。個人通常願意（尤其是在專業領域）早早的就將自己鎖定在某一已選定的職業上。但處於這一階段的大多人仍在不斷的嘗試與自己最初的職業選擇所不同的各種能力和理想。

確立階段由嘗試、穩定、中期危機等三個子階段構成。

(四) 維持階段

到了四十五歲至六十五歲，許多人就很簡單的進入維持階段。在這一職業後期階段，個人一般都已在工作領域中創立一席之地，因而他們大多數精力放在保有這一位置上了。

(五) 下降階段

當退休臨近的時候，個人就不得不面臨職涯中的下降階段。許多人不得不面臨接受權力和責任減少的現實，學會接受一種新角色和成為年輕人的良師益友。職涯的最後退休，人們所面臨的問題就是如何去打發原來用在工作上的時間。

八、小心！職涯規劃時最易犯的盲點

有三隻猴子要被關到籠子裡三年。在進籠前，牠們各提了一個要求。第一隻猴子要求給牠很多書；第二隻猴子要求給牠一部電腦；最後一隻猴子要求給牠一隻母猴子相伴。三年以後，當牠們被放出來的時候，第一隻猴子成了一個學者，第二隻猴子成了一個富翁，而最後一隻猴子已經組成了一個家庭，而且多了三個家庭成員。這個寓言故事從人力資源管理的角度看，說的是職涯規劃的問題。作為現代人力資源管理的重要組成部分，職涯規劃已經為越來越多的企業認識，同時，也有越來越多的企業正在進行這項工作。從實踐看，員工和企業在進行職涯規劃的時候，至少存在以下兩個盲點。

盲點一：職業選擇在職涯規劃中占重要地位。而職業選擇應該綜合考慮個人以及社會環境的因素。

個人的職涯規劃是指個人和組織相結合，在對一個人職涯的主客觀條件進行測定、分析、總結研究的基礎上，確定其最佳的職業奮鬥目標，並為實現這一目標作出行之有效的安排。職業選擇是其中的一部分內容。特別是對於初踏入社會的畢業生，職業選擇的正確與否，關係著事業的成功與失敗，因此它在職涯規劃中占據著重要的地位。但是在實踐中，往往會輕視這一點，或者認為完備的職涯規劃可以彌補職業選擇的錯誤。其實不然。那麼，職位選擇應該注意什麼呢？

小王是應屆畢業生，學的專業是市場行銷。但是他對電腦程式設計特別感興趣，所以一直想找這方面的工作。可是因為專業不對口，而且也沒有相關的工作經驗，因此找工作頻頻碰壁。

其實小王在進行職業選擇時，忽略了一點。興趣並不是職業選擇的唯一依據。我們認為，職業選擇應該綜合考慮個人以及社會環境的因素。這裡的個人因素包括個人的性格、興趣以及能力等。社會環境是社會的就業狀況、勞動力需求等。這些因素決定或者影響著個人的就業選擇。例如：銷售人員更強調外向的性格和與人溝通協調的技巧。而研發人員則要求有扎實的知識和嚴謹認真的工作態度。在進行職業選擇時還必須從社會需要出發，原因不言而喻。因為如果社會不需要，則根本談不上職業選擇，更談不上職涯規劃。所以，個人能夠選擇一個能滿足自己最大興趣，發揮自己最佳才能，適合自己最優性格，同時滿足社會需求的職業，這樣的職業選擇無疑是成功的。

需要指出的是，職業選擇要求的各因素在不同的人心中，權重是不一樣的，有時甚至可以撇開某因素不論。例如：小王相信對電腦程式設計的熱愛，可以讓他克服一切困難，包括學習各種程式設計語言。那麼，他當然可以選擇進入這一行業，並且為之努力。

正確的職業選擇只是職涯規劃的一部分。完整的職涯規劃還包括訂立目標，制訂行動計畫以及評估回饋等。它也是一個計畫、調整與控制的動態過程。

盲點二：企業在員工職涯規劃中，應該達到推波助瀾的作用。

小張是一九九七年加入華光公司的。在「新進員工培訓班」接受了關於職涯規劃的培訓，也認真填寫了公司人力資源部發放的《職涯規劃表》。但是小張發現這根本是自己的「個人意願」。因為公司既沒有提供相關的培訓，也沒有提供相關的工作機會。多數企業在建設員工職涯規劃時會出現這樣的問題，這可以由幾個簡單的問題檢查出來：作為一個管理者，你知道員工目前最關心與最煩心的事嗎？你知道員工短期與長期的發展規劃嗎？你是否曾經為他們提供相對的培訓或機會呢？

事實上，員工的職涯規劃應該與企業的發展結合在一起。企業要為員工創造職涯發展的環境。通常有效的做法是，企業要與員工在職涯規劃上保持定期有效的溝通。為了做到這一點，有些企業會尋找一些資深員工作為職涯輔導人，一般都是部門的負責人。他們在員工分析與定位自己的時候就應該與員工在一起，並為其提供幫助。為了使企業成為員工職業發展的平臺，職業輔導人，包括人力資源部門，還應該為員工職業發展提供有利的條件和創造機會。例如：組織相關培訓，使員工掌握相應技能；公開公司關於職業發展的資訊，為員工選擇合適的職位等。

最後，職涯輔導人與員工在工作年度結束時，就其本年度的工作表現進行分析評價，檢驗員工的職業定位與職業方向是否合適，並協助明確明年度的安排。

九、個人職業設計的成功祕訣

職涯設計的目的絕不只是協助個人達到和實現個人目標，更重要的是幫助個人真正了解自己，並且進一步評估內外環境的優勢、限制，在「衡外情，量己力」的情形下，設計出合理且可行的生涯發展方向。在人生的各個階段，每位當事人多少得稱稱自己的「斤兩」，並分析所追求的目標及價值。我們大多數人都會以為對自己有足夠的了解，但許多錯誤的生涯抉擇即發生在對自己認識不清。生涯設計的目的即是要透過對以往成長經驗的反省，檢視自己的價值。這可以透過專家來協助。但大部分人都是以潛意識進行這個動作，這個動作重在反省以下幾點：自己喜歡的工作到底是什麼？自己的專長是什麼？現在工作對自己的重要性？家庭對自己的重要性？有哪些工作機會可供選擇？與工作有關的其他考慮？充分的生涯設計，可以使當事人在設定生涯目標前，先分析自身的優勢、弱點以及機會、威脅是什麼？

正確的自我認識，越來越受到各界的關注，哈佛大學的入學申請要求必須剖析自己的優缺點，列舉個人興趣愛好，還要列出三項成就並作說明，從中可見一斑。透過對自己以往的經歷及經驗的分析，找出自己的專業特長與興趣點，這是職業設計的第一步。

(一) 優勢分析（即已表現出的能力與潛力）

你曾經做過什麼。即你已有的人生經歷和體驗，如在學校期間擔當的職務，曾經參與或組織的實踐活動，獲得過的獎勵等。這些可以從側面反映出一個人的素養狀況。在自我分析時，要善於利用過去的經驗選擇，推斷未來的工作方向與機會。

你學習了什麼。在學校期間，你從學習的專業課程中獲得什麼。專業也許在未來的工作中並不起多大作用，但基本上決定你的職業方向，因而盡自己最大努力學好專業課程是生涯規劃的前提條件之一。同時你要善於從中總結，真正化為自己的智慧。

最成功的是什麼。你可能做過很多，但最成功的是什麼？為何成功，是偶然還是必然？透過分析，可以發現自我性格優越的一面，譬如堅強、果斷，以此作為個人深層次挖掘的動力之源和魅力特質，這也是職業規劃的有力支撐。

(二) 劣勢分析

性格弱點。一個獨立性強的人會很難與他人默契合作，而一個優柔寡斷的人絕難擔當企業管理者的重任。卡內基曾說，人性的弱點並不可怕，關鍵要有正確的認識，認真對待，盡量尋找彌補、克服的辦法，使自我趨於完善。

經驗或經歷中所欠缺的方面。也許你曾多次失敗，就是找不到成功的捷徑；需要你做某項工作，而之前從未接觸過，這都說明經歷的欠缺。欠缺並不可怕，怕的是自己還沒有認識到，而一味的不懂裝懂。

(三) 環境分析

首先是對社會大環境的認識與分析：當前社會政治、經濟發展趨勢；社會熱點職業門類分布與需求狀況；自己所選擇職業在當前與未來社會中的地位情況；社會發展趨勢對自己職業的影響。

其次是對自己所選企業的外部環境分析；所從事行業的發展狀況及前景；在本行業中的地位與發展趨勢；所面對的市場狀況。

(四) 人際關係分析

個人職業過程中將和哪些人交往，其中哪些人將對自身發展起重要作用，是何種作用，這種作用會持續多久，如何與他們保持聯繫，可採取什麼方法予以實現；工作中會遇到什麼樣的同事或競爭者，如何相處、對待。外在因素是變化的條件，內在因素是變化的依據。既知己，又知彼，職業設計就有了成功的基礎。未來發展往往不能離開歷史的演變。只要從歷史的足跡中探尋未來的步伐，職場就一定能平步青雲。

面對這些分析方法，除了自我探索、找朋友分析外，找專業的人才測評和職業諮詢機構將是未來的發展趨勢，他們的經驗非常豐富，對個人的幫助更加專業和直接。

十、職業發展：你有多了解自己？

自我經營就是要把自己當做企業一樣的來經營，這個企業的唯一產品就是你自己，而要想讓你這個產品受到市場的青睞，關鍵是要找到你自己的定位，即你獨特的市場價值和賣點。可要找到這些東西絕非易事，因為它要建立在對你自己進行科學、全面的分析和盤點的基礎之上，正如俗話所說：「旁觀者清、當局者迷」，可見清楚的了解和認識自我是一件多麼難的事情。好在隨著測評、職業規劃等一系列技術手段的發展和應用，人們認識自己的方法也在越來越科學和精確。這裡我們不妨介紹一下 SWOT 分析法，它是一種很實用的找到自我價值的工具。SWOT 實際上是四個英文單字 Strengths（長處）、Weaknesses（短處）、Opportunities（機遇）、Threats（威脅）第一個字母的縮寫。

（一）找到你的長處

「長處」自然就是你最大的優勢和賣點所在，我們每個人的優勢包括先天形成與後天鑄就兩個部分，現代測評技術幫你找到的往往就是先天形成的部分，如性格奧祕的揭開就是一個典型的例證。像美國的邁爾斯 - 布里格斯性格類型指標就是從「外向、內向」、「感覺、直覺」、「思維、情感」、「判斷、知覺」四種維度出發總結出了十六種性格類型，每一種對應的維度之間都意味著個人的偏好是什麼，比如一個人的注意力和能量多專注於外部的世界，即更外向型；看中想像力和信賴自己的靈感，即更直覺型；注重透過分析和衡量證據來做決定，即更思維型；喜歡以一種自由寬鬆的方式生活，即更知覺型。

當然，有關性格類型的分類還有很多種，無論怎樣劃分，它們為我們揭示的真諦只有一個，那就是我們每個人都是獨一無二的，都是最好的，我們不必介意短處給我們帶來的煩惱，只要管理好我們的長處，我們的生命就會充滿陽光。

至於後天形成的優勢則包括了我們在成長當中所累積的知識、技能、經驗甚至是你的人際網路等等。

（二）揚長還須避短

雖然對長處的管理可以為我們帶來更大的增值效應，但根據著名的「木桶原理」，一個木桶能盛多少水不取決於桶壁有多高，而是取決於桶壁上最低的窟窿的高度，所以古人所說的要「揚長」也要「避短」是很有道理的。我們了解自己短處的目的在於更清楚的認識自己，在努力創造優勢效應的同時，也要規避短處可能給我們帶來的負面影響。

(三) 尋找機遇規避威脅

至於「機遇」與「威脅」則要求人們更加關注外部環境可能帶來的影響，畢竟「像企業一樣經營自我」、「將自身看作是一個產品」、「尋找自己的賣點」這一切的一切都離不開市場，只有找到你的優勢與市場潛在機遇之間的契合點，規避掉可能會對你發展產生不利的潛在的市場威脅，你才能得到更好的發展。

需要強調一點的是，這裡所說的「機遇」和「威脅」不一定是那些非常總體層面的東西，而是一些很具體的內容，比如說你現在在一家小公司工作，你就可以用這種分法分析：小公司帶來的「機遇」可能包括學習機會更多、工作氣氛更融洽、發展空間更大、與老闆私交更好等等。

透過這樣一種分析，你可能會對自己及自身工作的現狀有了更深的了解，這對你作出下一步該怎樣發展的決策會達到很好的幫助作用。

十一、職場發展藝術你知道多少

「我現在的位置對嗎？」「我將來要往何處去？」「我是不是該考慮換個工作了？」類似的職涯規劃問題越來越多的困擾著如今的求職者。

越來越多的專業機構開始介入職涯規劃方面的服務，有些地方還出現了私人職業顧問；在一些大型徵才活動上，也出現了職業測評的身影，許多應聘者拿著職業測評結果去找工作；許多大專院校開設了專門指導學生職業規劃的課程。

職業諮詢師認為，職業測試像病人看病一樣，對你的基本問題進行一個大概的鎖定和診斷，但具體病情的分析需要在職業顧問一對一了解的基礎上進行，職業問題的解決方案是一個量身訂做的過程，每個人的職涯規劃都要考慮到它的週期性，所以也是一個不斷修正和調整的過程。

職涯規劃依據兩個方面，一是個人分析，對諮詢者的思考、決策、行事方式深入剖析；二是職業規劃報告，清晰諮詢者的特質，選擇合適的工作。

職業規劃不是一個簡單的設計。除了研究本人適合從事哪些職業、工作之外，還要考慮本人所在的公司可能給你提供哪些職位，從中選擇那些適合你本人從事的職位。如果公司沒有適合你本人從事的職位，或者說，你所在的公司，不可能提供適合你本人的工作職位，就應該考慮換工作了。作為公司的管理者，有責任指導員工作職涯規劃，並且給出員工適合的職業通路。這樣，企業才能人盡其才，員工才能盡其所能為公司效力。

做職涯規劃時，還要把目光投向未來。綜合考慮本人現在做的工作十年後會怎麼樣？自己的職業在未來社會需要中，是增加還是減少？自己在未來的社會中的競爭優勢如何？在自己適合從事的職業中，哪些是社會發展迫切需要的等等。

職業規劃能夠給人的發展帶來幫助，市場也很巨大。但作為一個新興行業，問題也不斷暴露出來。

一位諮詢者工作不太如意，他想知道自己究竟適合做什麼，是留在現在的職位好好做，還是該考慮跳槽了。他拿了好幾份不同的職業指導機構為他做的評估報告，每個報告最後的結果都不同，甚至相互矛盾，弄得諮詢者自己都搞不清楚自己到底是誰了。

據了解，在一些已開發國家，職業測評規劃已開展了近百年，研究機構還對測試者輔之以長達十年的追蹤研究，最長的追蹤研究達七十五年。

許多發達國家從小學開始，及早的進行職業規劃。在美國，每個人從出生到大學畢業，都要參加幾十次各類的心理測驗。在日本，由專業人才服務公司 RECRUIT 開發的職涯評估系統，去年一年就接待了十二萬中學生的測試。

電腦測試軟體的可信度也都比較低，一些諸如筆跡測試、血型測試、聲音測試等的科學性也還沒有依據。

十二、如何打造自己的「職業導航」

也許你正忙著制定部門發展規劃或所在職位的工作計畫。但你是否想過，為自己的職涯做一份計畫呢？

職涯（Career）即事業生涯，是指一個人一生連續擔負的工作職業和工作職務的發展道路。職涯設計要求你根據自身的興趣、特點，將自己定位在一個最能發揮自己長處的位置，可以最大限度的實現自我價值。一個職業目標與生活目標相一致的人是幸福的，職涯設計實質上是追求最佳職涯的過程，是一份個性化的「職業導航圖」。

成功的人生需要正確規劃，你今天站在哪裡並不重要，但是你下一步邁向哪裡卻很重要。

步驟一：了解你自己

一個有效的職涯設計，必須是在充分且正確的認識自身的條件與相關環境的基礎上進行。對自我及環境的了解越透徹，越能做好職涯設計。因為職涯設計的目的不只是協助你達到和實現個人目標，更重要的也是幫助你真正了解自己。

你需要審視自己、認識自己、了解自己、並做自我評估。自我評估包括自己的興趣、特長、性格、學識、技能、智商、情商、思維方法、道德水準以及社會中的自我等內容。

詳細估量內外環境的優勢與限制設計出自己的合理且可行的職涯發展方向，透過對自己以往的經歷及經驗的分析，找出自己的專業特長與興趣點，這是職業設計的第一步。

值得注意的是，很多人往往認為選擇最熱門的職業就意味著對自己最有前途，專家提醒：選擇職業重要的是能正確的分析自己，找到自己最適合做的專業，然後努力成為本行業的佼佼者。

步驟二：清楚目標，明確夢想

如果你不知道你要到哪裡去，那通常你哪裡也去不了。

每個人眼前都有一個目標。這個目標至少在你本人看來是偉大的。沒有切實可行的目標作驅動力，人們是很容易對現狀妥協的。蓋爾・希伊在《開拓者們》中，透過一份內容十分廣泛的「人生歷程調查問卷」，訪問了六萬多個各行各業的人士，發現那些最成功和對自己生活最滿意的人有一個共同的特點：他們都致力於實現一個其實際能力所難於達到的目標。他們的生活有意義，而且比那些沒有長遠目標驅使其向前的人更會享受生活。

制定自己的職業目標並沒有想像得那麼難，只要考慮一下你希望在多少年之內達到什麼目標，然後一步一步往回算就可以了。目標的設定要以自己的最佳才能、最優性格、最大興趣、最有利的環境等資訊為依據。通常目標分短期目標、中期目標、長期目標和人生目標。

確立目標是制定職涯規劃的關鍵，有效的生涯設計需要切實可行的目標，以便排除不必要的猶豫和干擾，全心致力於目標的實現。

步驟三：制訂行動方案

你的職業正在說明你實現人生的最終目標嗎？你是否有一種途徑可以讓你現有的職業與你的人生基本目標相一致？

正如一場戰役、一場足球比賽都需要確定作戰方案一樣，有效的生涯設計也需要有確實能夠執行的生涯策略方案，這些具體的且可行性較強的行動方案會幫助你一步一步走向成功，實現目標。

通常職涯方向的選擇需要考慮以下兩個問題：我想往哪方面發展？我能往哪方面發展？或者說，我可以往哪方面發展？

如果你現在是一個財務人員，但你的五年、十年或二十年個人職業規劃是希望成為一個理財規劃師。那麼，你應該問自己下列幾個問題：

我需要哪些特別的培訓和學習才能使我夠資格做一名理財規劃師？

為使自己發展路上順暢坦蕩，需要排除的內部和外部障礙有哪些？

我目前的上司在這方面能給我幫助嗎？我周圍的人在這方面能給我幫助嗎？

目前的公司對我最終成為理財規劃師的可能性有多大？是否比在其他公司機會更大？

作為理財規劃師這個職位的經驗水準和年齡層次是怎樣的？我是否符合這個範圍？

步驟四：停止夢想，開始行動

行動，這是所有生涯設計中最艱難的一個步驟，因為行動就意味著你要停止夢想而切實的開始行動。如果計畫不轉換成行動，計畫終歸是計畫，目標也只能停留在夢想階段。

職業規劃成功的案例都是在有明確的職業目標後，在求職過程中不斷與那個目標看齊。當然，並不是每一個人都具有遠見，定下自己的目標，並有計畫的不斷朝這個方向努力的，但這一點對職業發展達到至關重要的作用。

立即行動，無論你是處於大學畢業剛剛踏上職業路途的年輕人，還是四十歲左右並且正陷在一份你不喜歡的工作之中的中年人，現在都是你進行職業規劃的好時機。只要你還沒有到安享晚年的地步，任何時候開始你的職業規劃都不為晚。

十三、越來越興盛的職涯諮詢服務

職業規劃作為人才就業的輔助手段，它到底能為諮詢者在找工作時起多大作用？應該怎樣為諮詢者服務呢？在目前人才市場比較混亂的情況下，如何回答這些問題呢？在三月二十七日由生涯相關工作單位共同主辦的「職業諮詢市場座談會」上，針對這些問題與會者做了一次有益的探討。

(一) 規劃市場需求旺盛

職業規劃市場旺盛需求的主要來源是每年的大學畢業生，需要就業以及相關的指導和服務，形成了一個規模的市場。由此引發了規劃諮詢公司的迅速增加。人才模式已經從「集體」人向「個人」轉變，個人諮詢時代開始，因此職業規劃的前景看好。

(二) 人才規劃的盲點

儘管規劃市場的行情看好，但是在實際的運作中卻出現了一些問題，不少人對這些盲點提出了看法。

盲點一：只有就業意識，沒有職業意識？有學校校長提出，很多人對待未來的生涯規劃，存在「學歷就業以及出國的無意識」。職業規劃應該把諮詢者向職業方向引導，受教育的目的是就業，未來規劃不應該陷入追逐學歷的無休止的學習中，而出國留學也不是唯一的「前途」。

盲點二：人才的製造成本低於推銷成本。在多家世界五百強公司作過人力資源經理指出，職業規劃現在更多的只注重「包裝」，其實，這些是推銷產品的策略，而人才規劃的產品是人，僅做表面文章是行不通的。

盲點三：急功近利「期盼」規劃帶來速成。企業管理諮詢公司董事長認為，人才規劃被很多人寄予為「瞬間成功和急速暴富」的速成鑰匙。事實上，這樣片面誇大了規劃的作用。

盲點四：職業規劃不是獵頭。專家提出為諮詢者做職業規劃的價值點是從諮詢者的利益角度出發，解決他們的心理問題，而不是簡單的提供工作機會。

(三) 職業規劃給諮詢者帶來的困惑

規劃的盲點是市場不完善的結果，但是有幾位專家提出了規劃給諮詢者帶來的困惑和質疑更加引人深思。

困惑一：大學生的規劃和就業指導誰來做？如何做？

一些專家們提出，職業規劃市場的主要對象是大學畢業生，而職業規劃都要收錢，但是剛畢業的學生沒有收入如何支付這些錢呢？諮詢仲介可以和學校合作來解決就業問題。

困惑二：職業規劃不「規範」，就業指導要「指導」。汪大正指出，現在的人才市場供求雙方都很「浮躁」，用人公司和畢業生也沒有透過仲介發生關係，而是直接見面的形式。這樣的情況只會讓雙方的「功利」倍增，造成了「問題多、解決少，資訊多、指導少，找工作多、敬業少」的局面，背棄了誠信的主線。

針對這些問題在探討解決的方法時，專家不約而同的都談到了「道」：

職業規劃首先就是要告訴做人的方法和經驗。

職業規劃的對象是有知識的青年人，所以規劃應該是屬於教育領域，因此要傳「道」給學生。

無論怎樣做規劃都應圍繞做人的基本道理，不要背道而馳。

規劃是針對人的，不論是諮詢者和顧問都是人，因此規劃應該是助人和自助相輔相成的「多助」。

第二章
蓋多高的樓要有多深的地基

一、職業成功，其實就這麼簡單

在如今社會上，有越來越多的人渴望成功，但最終能獲得成功的只是少數。雖然成功者千差萬別，成功的路徑也各不相同，但他們有一點是共同的，這就是善於揚長避短。如何才能仿效成功者的揚長避短呢？

(一) 識別、發現自己天生的才幹

傳統的職業指導是鼓勵你迎合用人企業的需要，不遺餘力的糾錯補缺，並將此定義為「進步」。但是，理才顧問樂富認為：做任何事情都是有機會成本的。如果你將精力、時間和費用都花在不擅長書寫的左手上，你就無暇顧及右手，讓它從「表現一流」進步到「登峰造極」。因此，你的精力與時間一定要用在自己擅長的方面。

就像一個人的性格、長處一樣，每個人的工作方式也存在著差異，不管你的個性構成是天生的還是後天的，早在你進入職場之前就大致確定了。你在工作上的表現就如一個人擅長什麼或不擅長什麼，大致已沒有多大的改變餘地；雖然工作方式可以略加調整，但不可能徹底改變。這就是揚長避短的原因所在。

約有百分之九十五的人不清楚，人在個性特質上存在著「閱讀者」和「傾聽者」的區別，而知道自己屬於哪一類的人則更少了。

李先生最大的困惑是在公司行銷部門工作六年，眼見與他差不多時候進入公司的同事一個個的加薪、升遷，唯獨他還在「原地踏步」，為此他感到不滿與焦慮。透過李先生的一些表現，發現李先生是個典型的閱讀者。如果工作要求他草擬、製作商場年節促銷企劃案，他能夠順利的完成；但若讓他與部門其他同事共同參加部門經理工作會議，各自闡述各個企劃案的核心及實施要點時，即便李先生的報告比其他同事「精彩」，最終還是會被淘汰「出局」。

對此，他的經理也滿腹怨言，認為：李先生提案時總是不得要領，常常在不相干的主題上喋喋不休。但李先生從不認為自己的語言表達能力有問題，因為他是朋友聚會中的「明星」。為此，李先生是一個真正的閱讀者而非傾聽者。如果讓他以書面形式回答其他部門經理的提問，他能夠直陳主題；倘若讓他在現場回答自由發問的經理們的問題時，他便無法理解對方的問題核心。

閱讀者很難成為優秀的傾聽者，反之亦然。因此，若想獲得職業的成功，你首先要學會識別、發現自己天生的才幹與優勢。

(二) 分析哪些職業能夠有機會發揮你的才幹

在識別、發現自己天生的才幹後，你便要分析哪些領域、職業角色能夠讓你有機會發揮這些優勢，只有這樣才能找到最適合自己的職業。這包含的意義是，找到你有興趣從事的職業，而且這份職業的要求又與你的技能、知識和才幹大體吻合。

趙女士原是一位美容顧問，因為工作業績顯著被提拔為美容部經理。任職期間，她感到自己工作很失敗，但同時她又非常堅信自己的美容技術。針對這種情況，首先趙女士要搞清楚：自己究竟適合哪一份職業，是美容顧問還是經理？事實上，這是兩份完全不同的職業。美容顧問要具有對臉龐骨架、膚色、氣質、色彩等的天生敏感度，而且樂意指導她人提高生活品質，同時又提升自己的專業能力。美容部經理除掌握美容基礎技術外，還應具備管理能力，如統率、統籌、責任、工作導向與行動力等才幹。

顯然，這位客人需要將自己天生的才幹、優勢與職業角色的要求綜和起來考慮，分析哪一份職業更適合自己，否則失敗還將不斷的重複下去。這樣的例子不少見，很多人因為自己的虛榮心或所謂的自我發展，習慣性的沿著公司職位的階梯一步步的攀登，銷售員立志成為銷售經理，軟體設計工程師渴望成為專案經理。當你置於不能勝任的職業環境中，失敗便在那裡等著你！

(三) 不滿足職業標準，努力爭創一流

如果你具備職業所需的才幹，而且樂意加強你的長處，不斷的吸收新知，相信你一定能取得職業的成功！

Cat 是一家俱樂部的健身教練，原在一家企業做會計工作，但她不喜歡。一次很偶然的機會讓她接觸到健身教練這個職業，她便立刻喜歡上這一行。為了有機會成為健身教練，她花錢購買了健身年卡，跟著有氧操教練跳操。一段時間後，她便嘗試教初學者跳操，以後又開始上臺帶操，這樣她便成了兼職教練。但是，她不滿足簡單的模仿，自費赴美國參加國際健身教練協會組織的培訓活動；回國後，她乾脆辭掉了美資公司的會計工作，整天待在健身房，研究著如何根據不同年齡、水平的會員特點編排動作與音樂。

二、再深造，好風作浮雲，送我上青雲

隨著這二十幾年高學歷人才數量上升，企業門檻「水漲船高」，「再深造」已成為越來越多追求高薪高職位人士的考慮方向。不但是面臨畢業的大學畢業生，而且更多的職場白領也開始考慮「再深造」—— 研究所。而關於什麼樣的人，在什麼樣的情況下才適合走「研究所」這條道路？這是

個複雜的問題，它不僅涉及專業、行業前景和學校，還取決於個人工作經歷，性格，機會等諸多方面因素。

例一：

張某是國立大學金融系畢業高材生，之後在某投資諮詢公司做了一年的投資助理，工作也算順利踏實。但是他很快發現，他的上級沒有一個人學歷在碩士以下，這無疑給他帶來了壓力。「上級會破格升遷我這樣的大學生嗎？」這樣的疑問經常在張腦海裡盤旋。

職業測評顯示，張的個性穩重，思維敏捷，對數字感知力強，做投資顧問挺合適。經過一番互動，職業顧問發現張對談具體業務更有興趣也更有能力。根據這一點，職業顧問認為他目前選擇讀研並沒有太大必要，因為具體的業務談判更需要經驗而不是學歷。他可以在做到一定程度以後再選擇讀書，而就現在的情況而言，只要能做出業務成績，他是同樣能獲得提升的。

例二：

宋明在一家國際大型物流公司已經升遷到行政副理，為了提高自己的含金量和英文程度，他想去國外讀碩士。但是考慮到自己現在的「寶座」，他有點雞肋情結，害怕自己回國後難以得到更高一級的職位，那樣不是賠了夫人又折兵嗎？

為此宋明做了職業滿意度測試，發現他對現在的職業並不是十分中意，他所在的公司對華人的升遷控制十分嚴格，同時他對於該公司的文化並不認同，經常覺得自己的能力受到了壓制，可以說有點壯志難酬的煩悶。職業顧問認為：物流行業在未來幾年都會處於上升的階段，而宋明的英文程度一般，這同樣成為他職涯上的瓶頸；出國讀一個物流專業的碩士比讀 MBA 對宋明更能對他的職涯達到一定的幫助。但是鑒於出國讀研的成本太高，職業顧問建議他在國外的讀書時間不要超過兩年，同時最好能在國外的大公司兼職，憑藉宋明的工作背景，這點並不是很難。有了外國公司的工作經驗，當個「海龜」就含金量大漲了。

啟示錄

放下工作去讀書一直是一件既花錢，又花時間的事情。它能給你的職涯帶來的回報取決於個人情況和經濟形勢的發展。職業專家建議你在做出讀研規劃時，先問一下自己「我到底需要什麼」，充分了解自己，才能踏上合適自己的路。

另外，「再深造」是為了學東西，提高職業能力的含金量，而不僅僅是為了拿一紙文憑，所以切忌草率了事。以上的兩個例子中，「工作經驗」和「現處工作環境」是對這個決策起關鍵作用的兩大因素。以現在的流行趨勢來看，公司對工作經驗的重視程度往往大於學歷，所以如果現在工作能夠累積有價值的經驗的話，應該更傾向於工作經驗的累積。反之，如果眼下的工作經驗累積不是那麼有幫助或者是不適合你的，那麼「研究所」將會是個好的選擇。

三、成功有捷徑嗎

(一) 充分利用天賦予性格是成功的最佳途徑

成功心理學的最新研究認為，在外部條件給定的前提下，一個人能否成功，關鍵在於能否準確識別並全力發揮其天賦和性格。

受教育程度和工作經驗是很重要，但不是職業成功的關鍵。

有一個大家都注意到的現象，很多企業的老闆，包括擁有億萬身家的大富豪，例如：李嘉誠。他們沒有上過大學，有的只上過小學。比爾蓋茲本來可以讀完大學，卻在一年級就退學了，居然成為世界首富。而許多受過高等教育的天之驕子，不得不替這些沒有文化的人打工，甚至還打不好，以致不得不經常換工作。這些企業老闆成功的關鍵是天賦和性格。

比爾蓋茲並不因為自己被公認是天才，就什麼重要就做什麼；更沒有因為自己創立了全球最成功的企業，就理所當然的做微軟的CEO。相反，他認為維持和發展企業並不是最能發揮自己最大天賦的職位，所以在微軟面對法律逆境和更加激烈的商業競爭時，蓋茲挑選巴爾默來管理公司，而他自己則回到最在行的軟體發展職位。比爾蓋茲最大的天賦就是，接手一項軟體發明，然後將其轉化為便於使用者操作的產品。

充分利用自己的天賦是蓋茲成功的最大祕訣。

每個人都有天賦

我們每個人都有天賦，就和每個人都有性格一樣。就連身心障礙者和弱智者也不例外。前段時間隨殘疾人藝術團演出的舟舟，智商只相當於幾歲的兒童，其音樂指揮才能卻震動了全世界。一個弱智者尚且有天賦，更何況正常人呢！

(二) 大部分人不成功的原因

有人會問：既然每個人都有天賦，那為什麼大部分人不成功呢？因為大部分人不知道自己有什麼天賦，更沒有去尋找適合的職位，持續的發揮自己的天賦和性格。大部分人找工作，要麼是學什麼專業就做什麼，或以前是做什麼的，換一個公司還是做什麼。許多人就這樣讓上大學時隨便選的一個專業或畢業後偶然入的某一行決定自己的一生，而不是根據自己的天賦和性格進行職業定位。

張先生，之前在一家著名市場研究公司做定量研究，定量研究是市場研究公司的關鍵職位。他做得很輕鬆，公司也很重用他。做到第三年，一個朋友介紹他去一家醫藥公司駐辦事處做經理，月薪比以前多一萬元。我對他說：就憑你的性格也不適合去。他還是去了。結果不到半年，因為他的失誤，辦事處被迫關閉了。他又想做回本行，但找了四個月都沒找到工作。他後來對我說：後悔經受不住高薪和當官的誘惑，不懂得根據自己的天賦和性格選擇職業。

我們許多人都犯過類似的錯誤。

（三）識別和接受自身的天賦和性格

只要你識別和接受自身的天賦和性格，配以必要的知識和技能，而且尋找需要你所具備天賦和性格的職位，持續的使用它們，並堅持下去，就有望成功，有望建立幸福的人生。這就是成功第一定律。

我的一個朋友 PETER，我認識他的時候他是一家廣告公司的 AE—— 客戶主任。他被迫離開這家廣告公司之後，兩年都沒有正式工作，只是有時打一下短工，在酒吧彈彈鋼琴，吃飯還靠女朋友接濟。去年初，他來找我諮詢。透過測試，我發現他有語言天賦，對眾人講話很有感染力。我採用美國權威的職業定位系統，指出有五個適合他的職業。最後他選擇了教英語，並決定透過自學，提高英語口語水準。他當時的口語像大多數大學畢業生一樣，基本不敢開口。他只用了三個月，就能流利的用英語進行日常交流（不少人能做到！因為有語言天賦的人也不少）。現在他在一家著名的英語培訓機構教英語。如果他堅持下去，一定會取得更大的成功。

(四) 天生我才必有用

俗話說：天生我才必有用。天賜的才能必有其用處，關鍵是要找到其用武之地。這句俗語生動的闡述了成功第一定律。

近十幾年，「成功是靠百分之七十的人際關係和百分之三十的能力（也有說是知識）」的成功學理論似乎開始得勢，什麼人都可以編一本類似「如何討好上司」「如何籠絡下屬」之類的書來掏你的腰包，這些人完全將「江山易改、本性難移」這一千年古訓扔到一邊。不少人中招之後，用盡書內書外各種辦法努力與人做好關係，結果呢？你與上司、與下屬的關係做好了嗎？

還有一個非常深刻的古訓：「性格決定命運」。我們認為它是宿命論。其實它是幾千年來祖祖輩輩用鮮血和汗水總結出來的，只是我們一直不明白其深奧之處。

這是上天安排的，你的天賦和性格是上天給你這個獨特的人安排的自然規律，你要順應上天的安排，就像順應自然規律一樣。如果說成功有捷徑的話，這就是成功的捷徑。

四、建立「個人品牌價值」

首先，完成這個小測試：

為什麼老闆要從那麼多申請這個職位的人裡雇傭你？

(一) 因為我是適合這個職位的人，我有豐富的相關經驗。

(二) 因為我是個有想法、有創意的人，即使我是個新手，但老闆就看中我這些特質。

(三) 說不太清楚，不過可能我比其他人優秀。

結論：如果選擇非答案（三），說明對這個問題有明確回答的你，即使還沒有接觸到個人品牌價值這個概念，但你已經明確知道自己的個人品牌價值了。

個人品牌價值

簡單的說，就是給自己一個獨特的定位，讓自己的特質從人群中凸顯出來。個人品牌的重要性之所以日益突顯，是因為職場已經發生改變，個性的年代需要你的個性。雇主也會因為你表現出來的價值而雇傭你，有效包裝不僅僅適用於產品推廣，同樣適用於個人職場生活的長久發展。而個人品牌就是這樣一種包裝手段。

想獲得成功不妨理順幾個概念之間的關係：

在職場中，擁有最高價值的人，通常是最有能力、對公司貢獻最多的人。

個人品牌價值影響到你在職業上的成功與否，提升個人品牌價值不妨透過學習或提高技能、掌握諮訊等種種方法。

個人品牌價值除了技能之外，還包含其他的特質：

個人品牌價值＝專業技能＋可信任度＋誠實＋細心＋機智＋幽默等重要元素。

所以，你必須意識到工作中的個人品牌價值，並且要有意識的提高。如果你對你在某一既定領域（你這一專業、這一公司或這一行業）中的個人品牌價值毫無意識的話，那你將可能面臨以下幾種情況：你接受了低於你價值的薪資，你的職位不能讓你發揮所長，你周圍的人，包括老闆和同事，會看扁了你。而且，如果你不是有意識的給自己的品牌價值增值的話，你將會發現你自己會被市場所拋棄。這所有的情況，都將給你的職涯蒙上陰影。

五、找到好工作的八大素養

(一) 綜合素養很重要

大專院校畢業生就業指導中心不久前對一百五十多家國有大中型公司及新高科技企業、三資企業的人力資源部門和部分大專院校進行了一項調查，結果顯示具有以下八項特點的大學生最受用人公司的歡迎。其實不止是應屆畢業生，任何一個想找到好工作的人，都需要具有以下的素養。

(二) 在最短時間內認同企業文化

「企業文化是企業生存和發展的精神支柱。員工只有認同企業文化，才能與公司共同成長。」殼牌公司人力資源部的負責人介紹說，「我們公司在招聘時，會重點考查大學生求職心態與職業定位是否與公司需求相吻合，個人的自我認識與發展空間是否與公司的企業文化與發展趨勢相吻合。」

大專院校畢業生就業指導中心有關專家提示：「大學生求職前，要著重對所選擇企業的企業文化有一些了解，並看自己是否認同該企業文化。如果想加入這個企業，就要使自己的價值觀與企業宣導的價值觀相吻合，以便進入企業後，自動的把自己融入這個團隊中，以企業文化來約束自己的行為，為企業盡職盡責。」

(三) 對企業忠誠有團隊歸屬感

問卷調查顯示，國有企業、外資企業、私人企業的人力資源人士一致認為，寧可要一個對企業足夠忠誠、哪怕能力差一點的員工，也不願意要一個能力非凡但卻朝三暮四的員工。

一家企業的人力資源經理認為，員工對企業忠誠，表現在員工對公司事業興旺和成功的興趣方面，不管老闆在不在場，都要認認真真的工作，踏踏實實的做事。有歸屬感的員工，他的忠誠，最終會讓他達到理想的目標，從而成為一個值得信賴的人，一個老闆樂於雇用的人，一個可能成為老闆得力助手的人。

大專院校畢業生就業指導中心韓春光老師表示:「企業在招聘員工時，除了要考查其能力水準外，個人品行是最重要的評估方面。沒有品行的人不能用，也不值得培養。品行中最重要的一方面是對企業的忠誠度。那種既有能力又忠誠企業的人，才是每個企業需要的最理想的人才。」

(四) 不苛求名校出身只要綜合素養好

某家網路通訊股份有限公司的人力資源人士表示，「我們公司不苛求名校和專業對口，即使是比較冷僻的專業，只要學生綜合素質好，學習能力和適應能力強，遇到問題能及時看到癥結所在，並能及時調動自己的能力和所學的知識，迅速釋放出自己的潛能，制定出可操作的方案，同樣會受到歡迎。」

問卷調查分析指出，「隨著企業競爭的加劇，企業更加關注人才的品質。因為人才是創造產品、為企業贏得利潤的主要因素。有些企業，尤其是技術含量不高的企業，不是只看重學生的學業成績，而更看重學生的綜合素養，這是現代企業的用人特點。個人綜合素養比學歷更重要。」

(五) 有敬業精神和職業素養

「現在有的年輕人職業素養比較差，曾經有一個年輕人，早晨上班遲到的理由居然是昨晚滑手機追劇看得太晚了。新來的大學生在工作中遇到問題或困難，不及時與同事溝通交流，等到主管過問時才彙報，耽誤工作的進展，這些都是沒有敬業精神和職業素養差的表現。」有電子有限公司人力資源部的人士說，「企業希望學校對學生加強社會生存觀、價值觀的教育，加強對學生職業素養、情商、適應能力和心理素養的培養。有了敬業精神，其他素養就相對容易培養了。」

(六) 有專業技術能力

某科技股份公司人力資源部經理介紹說：「專業技能是我們對員工最基本的素養要求，IT 行業招人時更是注重應聘者的技術能力。在招聘時應聘者如果是同等能力，也許會優先錄取研究生。但是，進入公司後學歷高低就不是主要的衡量標準了，會更看重實際操作技術，誰能做出來，誰就是有本事，誰就拿高薪資。」

(七) 溝通能力強、有親和力

某科技集團人事部的負責人說：「我們公司認為，大學生最需要提高的能力是溝通能力。企業需要的是能夠運用自己良好的溝通能力與企業內外有關人員接觸，能夠合作無間、同心同德、完成組織的使命和目的的人。」

(八) 有團隊精神和協作能力

汽車工業（集團）總公司的人力資源人士認為：「從人才成長的角度

看，一個人是屬於團隊的，要有團隊協作精神和協作能力，只有在良好的社會關係氛圍中，個人的成長才會更加順利。」

（九）帶著熱情去工作

「熱情是一種強勁的激動情緒，一種對人、對工作和信仰的強烈情感。」大專院校畢業生就業指導中心主任任占忠說，「一個沒有工作熱情的員工，不可能高品質的完成自己的工作，更別說創造業績。只有那些對自己的願望有真正熱情的人，才有可能把自己的願望變成美好的現實。」

六、在職場中如何打造個人魅力

一些苦惱的經理人不斷問我這樣一個問題：儘管他們有超凡的履歷和業績，但為什麼還得不到夢寐以求的工作和升遷呢？

在很多情況下，這恐怕和缺乏個人魅力有關了。當人人的履歷都是那麼光彩奪目時，獵頭人士又該如何從中選出優勝者呢？他們無法說清楚要找什麼樣的人，而只有看到了才知道。這就是那種「只能意會，不可言傳」的感覺，那種氣質和外在的東西。也就是個人魅力。

沃羅斯（Sharon Voros）從事經理人獵頭行業已有多年。在她的《通往 CEO 之路》一書（亞當斯媒體公司二〇〇二年出版）中，她介紹了美國中西部一家電子零件生產商尋找 CEO 的過程。她寫到，他們要找具有舞臺形象和交際才幹的人，而很多亮過相的候選人「看上去就是達不到這個要求。」

獵頭人士是要從主角陣容中挑選 CEO，要的是那種身高修長、口若懸河的演說鬼才，那種兩鬢見白，微笑起來令人神魂顛倒，握起手來感覺筋骨欲斷的人。類似這種洋溢著個人魅力的牛仔式人物在目前相當緊俏，尤其對那些處境艱難的公司來說更是如此。它們需要這樣的人來鼓舞士氣、召集力量。

(一) 天生我才還是後天培養

這一話題一直令我著迷。個人魅力都包括哪些東西呢?魅力方面的素養是否可以培養,還是它與生俱來或先天不足?我們如果問那些魅力實足的人他們為什麼會這樣,魅力對工作有什麼好處等等,就會顯得有點荒唐可笑。因為任何人即便是想回答這些問題也已是有孤芳自賞之嫌,自然也就根本不值得去理會。

然而,我卻對頗具個人魅力的領導人物做了一番細緻的研究,把我對見過的那些魔力四射的大人物的回憶統統呈現給大家。我還為大家提供了某些想法,比如何按照亞利桑德拉(Tony Alessandra)的建議增加一些個人魅力等等。亞利桑德拉是加州一位顧問,是《個人魅力:培養魔力、走向成功之七大要素》一書(華納圖書公司二〇〇〇年出版)的作者。

家住舊金山的羅安(Susan Ro Ane)寫有《精明社交之道》一書(華納圖書公司一九九三年出版)。她提醒人們注意,真正富有個人魅力的領導人物是把注意力放在別人身上,而不是局限在他們自己身上。她說,「如果它意味著使別人與你相處融洽,或是要克服你自身的靦腆的話,那我覺得還可以。但如果是想要控制他人,那就行不通了。」

正像亞利桑德拉所說的,個人魅力指的就是「如何從積極的角度去影響他人的能力。」她還說,個人魅力並不是從娘胎裡帶出來的,也不是什麼遙不可及的東西。想一想福爾曼(George Foreman),這位原來心事重重、性格孤僻的年輕拳擊手在步入中年時居然變成了大名鼎鼎的大眾人物和商界相當成功的大哥大,一位乖巧可愛、謙卑幽默的楷模。

(二) 三帖魅力祕方

亞利桑德拉認為，不同的人有不同的展現個人魅力的地方。蓋茲 (Bill Gates) 就是一個例子。幾十年前，我在微軟總部採訪了蓋茲先生。蓋茲先生對科技如何改變整個世界所擁有的遠見卓識正如同電腦病毒一樣，的的確確是傳遍了華盛頓州雷蒙德那占地廣闊的微軟總部，感染著那裡的員工們。我記得，很多員工都能說出蓋茲想要改變世界的座右銘，很受感動。這一座右銘只有在這些人當中才能產生共鳴，而對這一特殊群體來說，蓋茲就是一位充滿個人魅力的偶像。

祕方一：亞利桑德拉認為，培養個人魅力素養的一個辦法是要執著的追求一種能夠捕捉人們注意力的強烈信念。你對什麼感受最強烈而且夢寐以求呢？你對自己的信念越是充滿熱情，你就越有可能說服別人相信其價值。

加迪什 (Orit Gadiesh) 是總部在波士頓的貝恩諮詢公司的董事會主席。她因開朗直言，穿著另類和閱歷超凡 (她以前是一名以色列士兵) 而小有名氣。但是我從她給別人的面試中注意到，她使用「真正的北極」這類象徵性詞彙來說明她認為貝恩和其他機構應該如何運作的觀點。她說，儘管北極磁場一直在移動，但是真正的北極是固定不變的，因此指導公司行為的價值觀也應該是永恆不變的。近年來，這一詞彙常常掛在人們嘴上，它可以說是對像安隆這樣的屢出問題的公司所做出的精闢概括。

祕方二：富有魅力的演說家們在對話和演講中常常運用強烈的象徵和千古名句，類似馬丁．路德．金的「我有一個夢」，或甘迺迪總統的「不要問國家能為你做什麼，而要問你能為國家做什麼」等等。這並不是說風格重於實質。如果只說不幹，個人魅力很快便失去光彩。但是，任何強烈形象都會深入人們的腦海並能激發大家不斷向前。

凱萊赫（Herb Kelleher）可以說是一位魅力領導人，一位如何與他人進行感情溝通的典範。這位西南航空公司前 CEO 堅持實行低廉價格、高質服務策略，終於將這家小型、地方航空公司建設為一家大公司。由於他所締造的企業文化，他的公司實現了他的理想。他是個煙鬼，喜歡開惡作劇玩笑，而且因為愛在公司宴會上穿奇裝異服而出了名。有一次，他因和另一位 CEO 在使用某個口號上發生爭議而居然和他比腕力。他為員工創辦獎項，和他們一起工作，一起慶賀。在做招聘面試時，他卻和應聘人聊起了家常，有時甚至根本不談工作問題。西南航空公司的許多員工，上自經理、下至票務，都把凱萊赫看作他們當中的一員。他們都很欣賞凱萊赫的觀念，就是要當一幫無拘無束的幹將，拚命大幹，同時享受這一過程。凱萊赫在一次接受我的採訪中說：「我們為大家提供了無拘無束、自由發揮的機會。你在工作中不必非要符合某種限定性的模式。你可以盡情享受。大家是會做出回應的。」

祕方三：人們喜愛富有同情心和幽默感的領導人。有魅力的人可以使別人感覺到自身的重要。別人說話時，他們會洗耳恭聽，而不是像很多人那樣腦子裡想著如何去回答。他們會破例去了解下屬的私生活，會創造出一種和人們在戰壕中摸爬滾打的感覺，而不是躲進角落。

亞利桑德拉建議說，要想發掘你的魅力潛能，就得從小事練起，力爭成功。比如：可以將自己的演講進行錄影，然後請信得過的朋友和顧問對你的表現進行評論。在別人談話時，要把注意力集中在對方身上，而不是自己。要認真去聽，多觀察他們的臉部表情，看是否反應了他們所說的。要向他們提問題。

當然，在任何成功的天平上，個人吸引力不是唯一的因素。還必須要有能力、人品和信譽。但是亞利桑德拉堅持認為，在今天競爭激烈的高職位人才市場上，個人魅力的確非常重要。

他說：「如果你有更多的個人魅力，那麼你在職業發展上會脫穎而出。這毫無疑問。你更有能力去鼓舞和推動別人。」

七、謀求職業發展請多備幾張入場券

職業發展與文憑、證書的關聯性有多大？作為求職的入場券，文憑、證書的功效有幾何？本版案例及職場分析就是想闡述這些問題。

陳先生除了大學之外，工作之後，還考了幾張文憑、證書，經濟師是需要憑年資去考的，這沒有問題，他還有 ACCA 國際財會證書、工商碩士學位，還考了註冊會計師、註冊律師有點煩，但他打算還是要把它考出來。周圍的熟人對他敬佩之餘，覺得有點奇怪，那些學位、證書一則都不是那麼容易考的，二則好像對他現在的工作也沒有什麼直接的幫助，卻竟然花費這麼多時間、精力幹麼？

問起他的這些證書，是否是出於喜歡，或是有所選擇針對性的？他覺得其實是有功利性的。他有一些同學也考證書，對於考什麼樣的證書，也討論過。他認為有這樣四條準則：

（一）**知名度**。證書被公認的程度一定要高，不然花了時間精力考出來，沒有什麼用。

（二）**通用性**。就是證書適應的行業面要廣，可以運用的範圍要廣。比如他原先學的是管理，工作又跟管理有關，他所考的證書，其實都是跟管理有關的，就算到其他企業去，也都是有用的。

（三）**通過率**。就是對讀什麼書，考什麼證照或證書，事先要有把握，看是否能考上，是否能拿到證書，不然就得不償失。當時有個同學跟他一起考 MBA，花了時間精力準備，結果沒有考上。

（四）**經濟性**。考證書讀班，要學費，另外要花時間。往往讀書考證書，會跟現在的工作時間是有衝突的。所以他讀的一些書，時間上比較有彈性，休息日有一天，工作日有半天之類的，公司裡因為看你只占用半天時間，比較容易接受。他說到自己的一個同學，在一家不大的外資企業工作，因為想讀個文憑，不得不捨棄工作。所以，他認為，在現有工作與讀書之間，要權衡哪頭的價值大。

八、你該補點維他命 C 了

我們正處在競爭激烈的年代，職場生涯的發展如同人生一樣會發生許多變化，個人的意識和感知不能加以預料。但是，我們可以讓自己掌握職場生涯中必備的 5C，來給自己一份光明的前景和不言敗的信心。

Confidence 信心。信心代表著一個人在事業中的精神狀態和把握工作的熱忱以及對自己能力的正確認知。有了這樣一份信心，工作起來就有熱情有衝勁，可以勇往直前。當然，有的時候我們也會面對失敗和挫折，但這些並不可怕，每當你經歷一次打擊便會學到一份知識，便累積一次力量和勇氣。所以，在任何困難和挑戰的面前首先要相信自己。

Compete 能力。能力是與自己所學知識、工作經驗、人生閱歷和長者的傳授相結合的。並不是說，我們學的什麼專業，未來就會從事哪一行，人格特質才是決定人生方向的關鍵。因此，能力的培養是和真正不斷的吸收新知識、新經驗密不可分的，只有充實自己，才能贏在各個起跑點上。

communication 溝通。在工作中掌握交流與交談的技巧是至關重要的。我們不僅僅要確定對方是否了解我們的意圖，更重要的是讓彼此在同一個觀點、同一件事情上，可以取得共識。這其中的溝通，仰賴的就是個人溝通的技巧。因此，如何有效溝通、表達自己的理想與見解是一個很大的學問，也是決定我們在社會上是否能夠成功的重點。

create 創造。在這個不斷進步的時代，我們不能沒有創造性的思維，一味的在傳統的理念裡停滯不前，我們應該緊跟市場和現代社會發展的節奏，不斷在工作中注入新的想法和提出合乎邏輯的有創造性的建議。而創造，除了知識的累積，還需要與人和事物的接觸和觀察。我們要提高對待事物的深度與廣度，不要將自己局限在一個領域中，多去嘗試接觸不同的人和事，對自己的創新發展，相信會有極大的幫助。

Cooperation 合作。在社會上做事情，如果只是單槍匹馬的戰鬥，不靠集體或團隊的力量，是不可能獲得真正的成功的。這畢竟是一個競爭的時代，如果我們懂得用大家的能力和知識的會合來面對任何一項工作，我們將戰無不勝。一個如果能掌握和熟悉合作的人，那就有機會領導團隊，成為領導人物。如果我們有機會擔任領導者，就要有開闊的心胸，思考的應該是如何將這些個體的差異整體性的融合，成就一股宏大的力量。

九、六類個性影響職涯

談到職涯，最基礎的是要看一個人和環境之間的適應性。現代的職業觀當然不再局限於一個工作，而是找到那些能讓自己發揮能力、技術、能表達自己想法、能在某一方面承擔某一角色的環境；而對環境的適應也是因性格的不同而相異的。

（一）**傳統型**：這種個性類型的人在事務性的職業中最為常見。這一類人容易組織起來，喜歡和資料型及數字型的事實打交道，喜歡明確的目標，不能接受模稜兩可的狀態。這些人可以用這一類的詞語來表述他們：服從的，有秩序的，有效率的，實際的。如果用不太客氣的話說，就是缺乏想像，能自我控制，無靈活性。出納員就是這種類型的典型代表。

（二）**藝術型**：這種類型與傳統型形成最強烈的反差。他們喜歡選擇音樂、藝術、文學、戲劇等方面的職業。他們認為自己富有想像力，直覺強，易衝動，好內省，有主見。這一類型的人語言方面的資質強於數學方面。如果用消極一些的語言描述，這類人是感情極豐富的、無組織紀律的。

（三）**現實主義型**：這種類型的人真誠坦率，較穩定，講求實利，害羞，缺乏洞察力，容易服從。他們一般具有機械方面的能力，樂於從事半技術性的或手工性的職業（如管道工、裝配線工人等），這類職業的特點是有連續性的任務需要卻很少有社會性的需求，如談判和說服他人等。

（四）**社會型**：社會型的人與現實主義型的人幾乎是相反的兩類。這類型喜歡為他人提供資訊，說明他人，喜歡在秩序井然、制度化的工作環境中發展人際關係和工作。這些人除了愛社交之外，還有機智老練、友好、易了解、樂於助人等特點。其個性中較消極的一面是獨斷專行，愛操縱別人。社會型的人適於從事護理、教學、市場行銷、銷售、培訓與開發等工作。

（五）**創新型（企業家型）**：這種類型的人與社會型的人相似之處在於他（她）也喜歡與人合作。其主要的區別是創新型的人喜歡領導和控制他人（而不是區說明他人），其目的是為了達到特定的組織目標。這種類型的人自信，有雄心，精力充沛，健談。其個性特點中較消極的一面是專橫，權力欲過強，易於衝動。

（六）**調查研究型**：這種類型與創新型幾乎相反。這一類型的人為了知識的開發與理解而樂於從事現象的觀察與分析工作。這些人思維複雜，有創見，有主見，但無紀律性，不切實際，易於衝動。生物學家、社會學家、數學家多屬於這種類型。在商業性組織中，這類人經常擔任的是研究與開發職務及諮詢參謀之職。這些職務需要的是複雜的分析，而不必去說服取信於他人。

當然，一個人往往不是單一的表現某種類型，常常是兩三種類型的組合，但不管怎樣，總要往積極的性格方向發展，要讓自己選擇工作，而不是工作選擇自己。

十、你的職涯在萎縮嗎

如果你觀察一下周圍人的職業歷程，就會發現，對絕大多數打工的人來說，他所經歷的企業，一家比一家小，顯示出其職涯的萎縮趨勢，為何？

首先，這與企業的用人心理有關。一般來說，企業更喜歡那些來自比本企業更厲害的企業的人才，而那些來自更不起眼的企業的所謂人才，則往往難於「高攀」。

「小公司都不要的人，我們更不稀罕！」這就是「大」企業的用人心理！

這就造成一種人才的流向趨勢，從「大」的企業流向相對「小」的企業，而很少會反向流動！

也可以說，「大」企業在招聘問題上有「歧視」傾向。

當然，人才在「同級別」企業間流動，也是常見的。

這就是我們所見到的，人才在那些外商間（主要指歐美、日本跨國企業）跳來跳去，實在不行，就流入民企，此後就難以再回到外商的圈子了。

因此，對於一名應屆畢業生來說，如果他的第一步沒有跨入外商，以後也就很難再進入外商了。

普通人如此，那些大人物也是如此。

看看「打工女皇」吳士宏，先在 IBM 做了十四年，在這十四年，她獲得了實質的成長。後又去了微軟，這勉強算「平級調動」吧，做了沒多久，也不可能獲得什麼實質的成長，就流向「小」一些的 TCL，做了沒多久，也離開了，去哪裡了，不知道。但可以肯定，如果她還是打工，她的新東家肯定明顯比 TCL 還要「小」，否則媒體就會報導。

從人才自身的角度來說，當他把過去的某一東家作為值得自己炫耀的最大資本時，說明他自身的素養、自身的成就還不足以給他帶來更大的榮耀，他求職只能進入「小」的東家，因為只有「小」的東家才會欣賞他那虛幻的榮耀。直到他在這個「小」的東家也留不下去的時候，最多「平級調動」，甚至進入另一更「小」的東家，如果他能忍受。

職涯的萎縮就是這樣發生的。

如何避免職涯的萎縮呢？

肯定的回答是——學習，透過學習獲得實質的成長，爭取讓你實質的成長超越企業的名號給你帶來的榮耀。

記住，當你不再需要任何企業名號的照耀時，你的職涯就算真正上升了一個層次，這時，照耀你的就是你自己的成就。

當你自己的素養和成就真正成為你最大的榮耀和資本時，那些更大的企業才有可能對你發生興趣，而那時的你也許有了更積極的想法！

還記得「定位」理論的創始人特勞特嗎？誰知道早年他曾在奇異電氣公司廣告部工作過？

都知道聯想的楊元慶吧，這麼多年一直在聯想，從業務員到CEO，他於一九九五年在電腦行業掀起的驚心動魄的降價風暴，成就了聯想，更成就了他自己。人們幾乎不再強調楊元慶是聯想的人，反而會說聯想有楊元慶。

你還在炫耀自己的海龜背景嗎？你還在為自己的外商背景而沾沾自喜嗎？

記住，這些名號本來與你無關，你應飽含熱情的去創造真正屬於你自己的東西！只有這樣，才能開拓你燦爛的職涯！

十一、人在職場不進則退

人在職場，不進則退。然而有關研究卻發現，七成以上的職場人隨著職業經驗的累積，反而會出現職業方向迷失的狀況。透過分析發現，他們的職業困惑主要是他們對自己的優劣勢僅有初步的感性認識，缺乏科學的認知自己的職業定位，更談不上理性把握職涯的發展規律。

(一) 大衛的故事

大衛畢業於某知名大學的英語系，任職於某大專院校涉外部門，曾經希望能在國際教育交流領域創出一番事業。除了正常的工作外，大衛利用業餘時間自學了市場行銷和電子商務等課程，並主動承擔起了部門網站編輯和國際交流活動企劃等工作，成功組織了各項活動，網站品質也受到上司的好評。幾年後，因為部門管理的混亂，而且自己也感覺如此做下去毫無前途可言，於是跳到一家國際教育發展投資公司做市場調查員，開始時每天都要有外跑業務。大衛只用了一年多的時間就成為公司的業績指標，升遷做了主管。後來大衛被安排到市場部，擔任市場部經理助理，在這個階段，他開始全面接觸市場工作，工作熱情和績效非常高。在助理的位子上，大衛充分發揮出自己的特長，特別在市場企劃方面顯示出了了過人的能力。

日復一日，年復一年，三年的時間在轉眼間很快就過去了，下一階段的發展問題擺在了大衛的面前：他感覺自己對目前從事的媒體、公關和廣告管理三大部分都蠻有興趣，可是不知道以後應該朝哪個方向持續發展，而且哪個方向他都感覺自己不具有足夠的競爭力。一些朋友勸他知足者常樂，他不甘心；也有一些朋友鼓勵他再進修，他有些猶豫。這次，他真的感到自己迷失了未來發展的方向。

(二)「螃蟹文化」

釣過螃蟹的人或許都知道，簍子中放了一群螃蟹，不必蓋上蓋子，螃蟹是爬不出去的。因為只要有一隻想往上爬，其他螃蟹便會紛紛攀附在牠的身上，結果是把牠拉下來，最後沒有一隻出得去。

大衛所處的環境就有一些這樣的分子，他們不喜歡看到別人的成就與傑出表現，更怕別人超越自己，因而天天想盡辦法破壞與打壓他人。如果一個組織受制於這種人，久而久之，工作公司裡只剩下一群互相牽制、毫無生產力的螃蟹。

(三)「青蛙效應」

十九世紀末，美國康乃爾大學曾進行過一次著名的「青蛙試驗」。他們將一隻青蛙放在煮沸的大鍋裡，青蛙觸電般的立即竄了出去，並安然落地。後來，人們又把牠放在一個裝滿涼水的大鍋裡，任其自由游動，再用小火慢慢加熱，青蛙雖然可以感覺到外界溫度的變化，卻因惰性而沒有立即往外跳，等後來感到熱度難忍時已經來不及了。這就是有名的「煮蛙效應」或「溫水青蛙效應」。這個故事告訴人們，企業競爭環境的改變大多是漸熱式的，如果管理者與員工對環境之變化沒有疼痛的感覺，最後就會像這隻青蛙一樣，被煮熟、淘汰了仍不知道。

職場中的大衛吸取了青蛙的教訓，以不懈的努力和敢於面對困難的毅力，找到了與自己匹配度較高的工作，可謂是他奮鬥的結晶。但是人在職場，安於現狀，不進則退。大衛過去的成功和現在面臨的職業選擇，值得大家深思。

重視組織文化環境的選擇如果僅僅希望有一份穩定的工作，大衛現在應該還是一位普通的涉外工作者。他累積了豐富的薪資經驗，兢兢業業做下去也可能會在職稱、職務上得到一些提高，最後還有可能成為資深專家或學者。當然，任何一種工作本身沒有錯，但是如果在不太適合的時間選擇錯了工作環境，尤其是不太適合的組織文化環境，加之其他因素的影響，職業發展陷入危機將是必然。

許多職業人的生存狀態就是一種根據市場行情確定身價的狀態，沒有主動去主導自己的職業命運，而是在「專業對口」、「工作經驗」的藉口之下，失去了許多能夠進一步發展的機會。這類職業人可能永遠無法透過發揮個人的潛力去贏得職業價值的不斷提升，最後只能接受不可逆轉的身價下跌。大衛過去成功的原因之一就是因為他不甘心受「螃蟹」束縛，勇敢的和職業慣性做抗爭，敢於迎接新的挑戰，敢於突破專業限制，敢於承擔職業轉換的風險。然而，所有上述因素的存在都離不開一個以人文文化為特徵的組織環境，這是他成功的重要前提。

毋庸諱言，對大衛來說，跳槽不是目標，只是手段。也有許多人覺得不適合某種工作狀態，於是決定跳離類似的環境。可是人們看到的是，大多數跳槽的職業人沒有遵循職場規則，脫離了自己將來生存的組織環境，甚至有一些人在跨行業跳槽中遭到滑鐵盧。大衛的例子再次強調了選擇組織文化環境的重要性。只有當自己的目標與組織目標相一致的情況下，一個人才有可能實現個人的職業價值。

(四) 實現職業增值

在一個完全市場化的環境中，大衛經歷了從一個普通職員 —— 客服人員 —— 市場管理者的角色轉變過程。在專業技能和知識的支撐下，他成功的進入到新的工作環境。在新一輪的求職過程中，大衛最可貴之處就是先弄清自己到底想要什麼，希望找到實現自己價值的職業。他已經在市場領域找到了發展方向，並且基本上達到了自己設定的職業發展目標。在此暫且不去評論其科學理性程度如何，至少從職業心理穩定性來說具有很大的積極意義。但是，從大衛最近的職業困惑中人們可以發現，他只是對自己的優勢和劣勢有了初步的感性認識，並沒有進一步科學的認知自己的職業定位，更談不上理性的把握自己職涯的發展規律。

從個人實際的角度出發，大衛如果希望職業持續發展，現階段必須有明確的定位，扎實累積專業經驗。例如：他對市場企劃的掌握和理解不夠深入，市場工作缺乏整合性競爭力，且專業背景不強，這些都將直接制約他的職業升遷。他還要進一步分析自己的職業能力結構，找到最能發揮自己優勢的職位，累積核心競爭力。否則，若試圖在媒體、公關和廣告管理等各方面都有所突破，很可能就會適得其反，從而變成一個普通的職場打工仔。

科學的認知自己的職業定位，理性把握自己的職涯發展規律還要求大衛對自己、職場以及行業進行客觀的分析。企業遇上競爭壓力，其實更能給大衛帶來發展空間。例如：他可以參與到市場工作中幾個適合自己特長的領域。他必須明白，如果缺乏市場預算和成本控制的經驗，是不可能為自己的升遷帶來有效支持的。這些不是讀讀研究生就能掌握的，況且沒有相關經驗去學 MBA 也只能紙上談兵罷了。另外，除了市場管理專業理論知識的再累積以及企劃、談判等專項業務能力的提高外，職業通用競爭力也是大衛必須加強和提高的部分。初級管理職位中特別強調協調能力、分析能力和溝通能力，而這些恰恰構成了職業通用競爭力的核心內容。在職業發展初期如果因為通用能力不足而被限制在某一具體行業，將會導致職業價值的增值率下降。現在，如何有效的把行業經驗與職業能力在不同職業階段有機結合起來去實現個人職業行為的價值已經成為了人們普遍關注的課題。

(五) 老鷹的啟示

根據動物學家所做的研究，一窩小鷹的存活率很低，這可能與老鷹的餵食習慣有關。老鷹一次生下四、五隻小鷹，由於牠們的巢穴很高，所以獵捕回來的食物一次只能餵食一隻小鷹，而老鷹的餵食方式並不是依平等的原則，而是哪一隻小鷹搶得凶就給誰吃，在此情況下，瘦弱的小鷹吃不到食物就餓死了，最凶狠的便存活下來，如此代代相傳，老鷹一族越來越強壯。這個故事告訴人們，「公平」不能成為組織中的公認原則，「大鍋飯」已經成為過去。組織若無適當的淘汰制度，常會因小仁小義而耽誤了進化，在競爭的環境中將會遭到自然的淘汰。人們會相信，大衛在使自己實現職業增值的同時，憑藉其不屈不撓的勇氣和頑強的毅力，必然會像老鷹一樣在職場中盡情翱翔了。

在市場經濟體制下，組織發展和變革的順利進行離不開一個強有力的組織文化環境。作為在這個環境下成長的職場人員，應理性選擇職業，做到高瞻遠矚，善於將自己的理想與組織目標保持一致，既不能作溫水中的青蛙，也不甘心當簍子裡的螃蟹，而應勇敢的面對現實，追求職業增值，像老鷹一樣去搏擊長空。

十二、職場上僅有才華是不夠的

成功的職涯不僅僅有才華就夠。不少深具才華者在職場上遭到的失敗，都起源於對小事的疏忽。一個成功的職涯，是非常細緻的結構，絕不可因為持有才華就粗率的處理它。

(一) 職場政治

有人做過一個試驗，打出整整三十個電話給受過高等教育並獻身職場的各年齡層人士，提出同樣一個問題，「你覺得才華對你一生的職涯很重要嗎？」答案當然是「是。」可是對另一個問題，「這是否能代表你就會擁有一個成功的職涯？」答案是百分之百的否定。

為什麼有才華，卻並不能代表你擁有一個成功的職涯？先得清楚一個問題：職場政治。

去年十一月，自由撰稿人鄭不斷接到一個頑固的電話，說要對她進行採訪，對方在多次被拒絕後，威脅要闖進朋友家去。於是，十二月二十三日，聖誕夜的前夜，鄭跟這位打電話者約定好在一家酒吧見面。那是一個小報記者，那一次見面，雙方雖然沒有進行什麼實質性的交談，但聊得還算愉快。

過後幾天的一個大清早，鄭還一夜未眠的坐在電腦前工作，那個電話又來了，這一次對方要約她去最好的咖啡館喝咖啡，並說要送她咖啡豆。鄭當即一口拒絕。她拒絕的理由是：我不喜歡別人打攪我的生活。

這次拒絕，讓鄭受到了嚴厲懲罰。十二月二十三日，後來被她戲稱為恥辱日，這幾天，她在報紙和網路上同時看到了小報記者惡毒詆毀自己的文章。對方摸透她不願意拋頭露面的心理，用非常刻毒的文字對她進行了一番無中生有的描述。面對這種侮辱，鄭覺得已經超過了她的心理承受能力。她說：「我不明白，我到底跟她有什麼相干？她為什麼要這樣侮辱我？當初我選擇自由職業這一行，以為就是選擇了自由。我以為這樣就可以避開那些傳統上班族所面臨的同事間複雜紛繁的關係。可是我錯了。」

她確實錯了。自由職業也是職業，只要當你持有一份職業，就會有一個無形的職場鏈在那裡。

職場政治是涉及一個人除了才華還有性格、情商、社交等許多自身能力和複雜的人際社交能力。這有時是在考驗你的應變力、你的協調力、你的不斷學習的能力、你的自控能力。如果你不為此付出代價，你的職場生涯一定會遇到阻隔。

(二) 失控的才華

我們都有過這樣的經驗，對某個只有一面之交的人懷著強烈的感覺，「這人不錯，一定會有出息。」究竟為什麼？似乎說不清，可是就是認定這個人會有成就。這是因為這個人身上顯示了某種無形的智慧。

才華有時能毀掉一個人的事業和前程，但才華本身不能說是好還是不好。我們可以利用才華來完成某個設計，製造某個新產品，可是卻不能完全控制它，它有時會變成一種讓人厭惡的東西。一個太擅辭令，有滔滔雄辯才華的人，如果在不適當的場合不收斂他的「才華」，他將面臨被恥笑的危險。

而智慧卻毫無質疑的會成就事業，並因此發掘出你身上所具有的意想不到的才華。因為缺少智慧，很多人對待機會就像小孩在海灘玩沙子一樣，他們讓小手握滿了沙子，然後讓沙粒往下落，一粒接一粒，直到全部落光。

有一個蜜蜂的啟示：在春天的清晨，窗外的花叢裡總有一團彩虹似的東西在忽閃忽閃的盤旋。一隻蜜蜂把牠那細長的尖嘴刺入花蕊中美美的進食早餐，但牠卻沒有傷及到花瓣。過了一會，牠只吸吮了牠所需要的營養並把花授粉後就飛走了。那麼精確、有效率、靈活而讓人崇敬。這就是我們的榜樣。可是這個世界，真正智慧的天才不多，絕大多數的人都有一二種或更多的缺陷，不少人往往在一些微不足道的事情上導致了一生的失敗。

比才華重要的還有什麼，這是你職場中提升自己的必然法寶，看看他們怎麼做，知彼知己，才能不輕易失敗。

(三) 稱讚

顧珊說到公司的一位「後起之秀」，「老實說，我嫉妒她，甚至心裡有過非常陰暗的想法。這是讓人心煩的事，其中有那麼多憤怒、怨恨，肯定讓我覺得自己悲慘極了，看到大家跟她都相處得那麼好，我開始莫名其妙的恨起公司所有的同事來，我開始用一種尖酸刻薄的態度對大家，總是無事生非，結果大家都開始討厭我。我差點要待不下去了。我覺得壓抑，要發瘋。妒忌是殘忍的，殘忍得像墳墓。當然，後來我好了。我試著去稱讚她，試著用真誠的稱讚，到最後我真的是發自內心的覺得她確實優秀了。不過反過來，我也得到了越來越多的稱讚。我們現在已相處得很好，彼此接受。」

(四) 敏銳

程天在遊戲軟體發展行業一直保持旺盛的氣勢，原因是他不僅注重遊戲軟體發展本身，還深諳「嗅覺」之道。他說，「人犯的最大錯誤，是不知不覺。你必須時刻提高警覺。這是一個科技資訊時代，原來是十年一個代溝，可是現在一年就是一個代溝了。越來越密集的代溝，讓人一不留神，就被淘汰了。你以為我是一個天才對嗎？錯了。我是一個敏銳的人，可是我總是擔心自己不夠敏銳，隨時要捲鋪蓋走人。」

(五) 自信

澤在大學畢業，不想做傳統上班族，拒絕留校工作，加入網路公司，做起新經濟下的勞工。他是典型的科技自由主義者，很瘋狂的工作，除了想換取財富自創事業外，也是一份成就感。可是，自從納斯達克股市的神話破滅後，幾乎所有的網路公司開始「削減成本（COST CUT）」，媒體也在每天宣傳網路公司如何窮徑末路，雖然自己任聘的公司還沒有開始動靜，但他已開始感到惶惶不可終日。

人生起伏是再正常不過的事情。澤這時需要沉著和冷靜，可這需要自信來依託，相信自己是最好的。退一步，即使失敗了也無妨，他也應該這樣想：機遇終於來了。很多成功者是在逆境中開始成長的。勇敢面對才能勇往直前。自信是隱藏的資本，能在每一次憂患中都看到一個機會。

(六) 寬容

林曉電腦上的設計方案被同事竊取了，她在憤怒之後，開始冷靜思考，這位同事為什麼那樣做，肯定有她的原因和想法，她真誠的嘗試替同事設身處地想一想。「她一直是個有信譽的人，這一次，我想應該事出有因吧。」她理智的找到同事，證實事出確實有因。後來，這位同事對朋友們說，「當林曉需要我時，我會獻出一切。」

(七) 熱情

方藍形容自己是個不拘小節，心寬體胖，喜歡傻乎乎笑的人。她在離開原來供職的公司前，公司為她開了一個歡送會。老闆給了一句贈言：相信每個人都有這樣的感覺，一位熱情的朋友好似陽光普照一天，把光亮流瀉在周圍一切之上。

「我大吃了一驚，居然大家都那麼捨不得我走，說會想念我，我真的很感動。」方藍說。其實她是一個充滿熱情的人，也是一個助人為樂的人。不過她從來沒想過有什麼回報。

(八) 踏實

阿童在三個月試用期過後，順利簽下了一份正式合約，而另一個同期試用，被全面看好的應聘者卻沒有她的幸運。因為兩個中間必須走一個。阿童總結說:「我知道我行。要知道那些成功的人，都是一步一腳印的人，他們每天都在用心做好每一件事，把自己帶到明天的最佳位置。我想我是那樣做的。她確實是個聰明的人，有善於鑽營的本事，左右逢源的能力，可是這並不能使她無往而不勝。至少在這裡。」

(九) 信任

歐彬決定跟一個同行合組公司時，遭到很多朋友的反對。他們一致認為，那可是一個夠受的人，公司肯定成不了氣候，歐彬不會有好結果。歐彬否認。「不。那是我的事，我信任他。」他說得很乾脆。他覺得，這就像兩個有心人談戀愛，如果彼此間最基本的信任還沒有，那怎麼可能有下文。你總得嘗試，否則將一事無成。這需要總體視野。

(十) 堅忍

因為關係升遷加薪的利益，周周被辦公室同事暗箭中傷。「開始當然是憤怒透了。我想對他進行還擊。可是，有朋友對我說，你跟這種人糾纏什麼，憤怒的結果，是對你自己的傷害更大，你想釋放出心裡的憤怒，會惹更多麻煩。你現在沉默，時間會證明一切，那樣你會贏得尊重，贏得更多朋友。你就把這當成一個笑話。你仔細想，一個人，除了你自己以外，沒有人能傷害你。你應該學會忍耐傷害，除非自己的過錯，你永遠不會真正受傷害。」

(十一) 真誠

師師是一位出色的記者，所有的被採訪者都真心接受她的訪問。不管面對的是一個什麼樣的訪問者，她都絕不咄咄逼人，把對方逼到牆角拐彎之地，去挖取一些屬於非常私人的資料。她的訪問宗旨是：使每個人都感到舒服和自然。她的真誠使對方如沐春風。

師師解釋說：「真誠是舒心的東西，它來自你的心。如果大家都敞開心扉，很多困難便不復存在。」這種真誠確實使她贏得了成就感。

(十二) 尊重

Wen 是一個受歡迎的 CEO，在公司捉襟見肘時，沒有人離開他，大家與他一起共同渡過難關。職員們說，「因為他尊重我們。」

十三、職場攀頂的五個「就行」

「不想當將軍的士兵不是好士兵」，的確，嚮往成功、追求成功是每一位身處職場的人士都應該朝這方面努力的目標。當然，追求成功並不只在於「敢於追求」，而且還必須建立在自身的能力基礎之上。不過許多人在職場中，為了能夠迅速攀到「頂峰」，常常會產生一種急功近利的錯誤想法，在這種想法的指導下，卻事與願違。為了避免上面的結果，你不妨認真閱讀下面的幾點，或許這些錯誤的「就行」就是你無法升遷的原因。

(一) 埋頭苦幹就行

埋頭做好主管交辦的事情，本是無可厚非的，不過要想迅速攀到職業「頂峰」，這是不夠的。許多人為了在主管或者同事面前表現自己，常常加班工作，這些人錯誤的認為唯有認真工作，才能得到上司的賞識。其實工作效率與工作業績才是最重要的，整天忙忙碌碌的，結果卻沒有任何成績。王湧是從大學畢業，應聘到保險公司的，他看起來相貌平平，沒有什麼特別之處，不過每每進入到一個新的公司時，王湧的發展總比其他員工順利一些。王湧自己也清楚，有時候，勇氣和耐心會比埋頭苦幹更有效。從參加第一天的職員會議開始，王湧逮著機會就發言。儘管在起初時會有點不著邊際，不過在許多新職員中，是王湧第一個給主管留下了印象。當其他新員工埋頭苦幹、還分不清公司裡誰是誰的時候，王湧已經掌握了其他老同事各人的業餘愛好。每次公司組織出遊，王湧總是最賣力的，幫同事攝影、給主管買飲料、替小姐背包，不遺餘力。他記得，王經理喜歡烏龍茶，周經理喜歡統一冰紅茶，青年人青睞礦泉水。

王湧背上了頗有專業架式的相機，不厭其煩的為同事留影拍照，臉上始終微笑，儘管技術略遜，但無論同事提出什麼要求，他都表現出極大的耐心和極佳的態度，在場的同事沒有一個不誇他的。進入公司不到一年，他很快就成為公司辦公室的一位副主任。透過這個事例，我們不難發現，埋頭苦幹不如智取的人。要是沒有特殊的專業知識，你完全可以去做一個類似王湧的有心人，要是你沒有超群的能力，請保持積極的工作態度，這樣也能迅速攀登到職業頂峰。

（二）完成分內任務就行

許多人認為只要完成自己分內的工作任務就可以了，對於其他人在工作中對自己提出的請求和幫助，完全可以不理。這些人常常對別人有一種妒忌和防範心理，生怕別人做好了超過自己。其實工作能力、工作效率、人品可信賴的程度、甚至員工的學歷，都不會是同事或者主管評價的單一指標，也不會是最重要的指標。無論自己是老師、醫生、幹部或祕書，工作環境的本身是由人組成的，每個人有每個人關心的事情和處理的優先順序，每個員工應該努力去學習如何調節與上司或同事之間的重心。不管自己如何對不滿的事情憤憤不平，自己在這公司的前途，從如何面對小爭執口角到擺放辦公用品，到大事情像這個月誰多休一天假都有影響。不要以為完成分內任務就行，其實你要想上進的話，還應該在工作中表現出一種強烈的敬業精神來，不是循規蹈矩的為了工作而工作，而是要求自己恪守職責，扎實、勤懇的做好本職工作以及相關工作，以智慧和付出對工作品質和效率負責。在市場經濟不斷走向深入的今天，敬業精神可以說是一種職業態度，一個沒有敬業精神的員工，即使再有能力也不會得到上司或者同事的尊重和接受。

(三) 拍好上司就行

儘管有許多想辦實事的老闆或者上司，希望能聽到來自各種角度的聲音，以便得到客觀、準確的結果。然而目前社會上的大部分老闆卻不會，這些老闆也是普通人，換句話說，這些老闆希望在自己的帶領下，能聽到下面員工對公司好的評價或者不是不利的評論。用不好聽的話說，這就是老闆從內心深處，也希望被拍馬屁、被阿諛奉承，他們常常認為自己這樣才有領導魅力。不過拍好上司並不是一件很容易的事情，這也是有技巧和心得可尋的；比方說主任你今天看起來真的好精神喲，很明顯這樣子拍上司的話，上司會不愉快的，因為這些老闆也不是糊塗蟲，你昧著良心的瞎話他聽了反而會感到不舒服。你應該找出老闆真正讓別人佩服之處，或者老闆的過人之處，然後在合適的時機、合適的場合下去讚美，比方說在慶祝業務洽談成功後，你可以單獨的經理說，「經理你真棒，你洽談業務的方式，讓我們又簽了一筆大訂單，多虧有你出馬。」老闆此時正沉浸在快樂之中，聽你這麼一吹，相信他就更飄飄然了。

(四) 有能力就行

許多人太相信自己的能力，總以為憑自己的能力，肯定會有出頭之日的。這種人過度相信同事和老闆，總認為自己的能力一定會得到他們的賞識的。然而實際情況是，公司裡常常會出現這樣的現象：有的員工無論工作做得好與不好，老闆或者上司們都很喜歡他，甚至他還能一步一步被重用提拔，也不會出現上司因為擔心下屬功高震主而不高興的情況。這又是為什麼呢？歸根到底，單純能力強還不行，還要善於上司溝通。實際工作過程中大家會發現，上下級的關係往往是以情感因素為主要，而能力大小為輔的。因此與老闆或者上司多溝通，是自以為能力強的員工必須要努力做到的。小輝原是一名打字員，由於工作業務突然增多，老闆便抽調他到其他部門上來。小輝給人的最初印象是沉穩老練，是那種老謀深算、頗有城府的人。有一次，小輝和同事一同去開會，第二天上班後，同事本該和小輝一起去向老闆彙報開會精神，沒有想到的是，翌日同事剛到辦公室，老闆就進門來把昨天在開會的精神說了個明白。原來，小輝提前到辦公室，徑直去老闆那裡作了彙報。後來，部門的同事認真觀察小輝，發現他只要一有時間，就坐到老闆辦公室裡，遞菸敘話，兩人面對面的騰雲駕霧起來。有些東西可以學，有些東西卻終究也學不會的。在同事還懵懵懂懂時，小輝已經在老闆面前鞍前馬後，博得老闆滿心歡喜了。之後，老闆看小輝是越來越稱心，越來越順眼，時間不長小輝就從打字員正式成為部門的一名小組長了。從上面大家也可以看出，能力強，做好工作是應該的，但與老闆多溝通，卻是很有必要的。

(五) 運氣好就行

看到比自己早上班或者比自己慢上班的同事，都得到了提拔和發展，唯獨自己還是原地踏步，相信這些人肯定會認為他的運氣不好，他們堅信成功和發展是由於有好的運氣，所以這些人往往會守株待兔，被動的、消極的去等待命運的安排，等待老闆有朝一日也能提拔自己。小張平時在公司中工作很出色，同時也具有創造力並善於與其他人溝通，公司裡的同事在遇到困難或者需要求助時，都經常會徵求小張對一些十分重要的計畫的意見。小張在職業發展方面，似乎應該順理成章的獲得一個權力或者是責任更大的工作職位才對，這也是小張自己所希望的。然而遺憾的是，隨著時間的逐步推移，小張在他原來的工作職位上待了一年又是一年。許多同事包括小張本人也感到非常不解，為什麼小張工作和能力這麼出色，卻無法得到發展或者被任用到更重要的工作職位上去呢？

其實在實際社會中，那些工作效率高並且工作能力強的員工無法得到重用的一個最基本的原因是，既然這些人在自己的工作職位上做得如此出色，那麼老闆或者上級就希望這些人繼續留在原工作職位上工作，老闆可能會擔心一旦這些人離開了工作職位後，相對的職位上就會缺少主力。所以這些員工要想避免出現這種現象發生，自己應該努力的向老闆或者上司去毛遂自薦，然而遺憾的是，這些工作出色的員工從來不向老闆提出任何要求，老闆也就不會考慮把這些人提升到一個另外一個工作職位上去。這些人正確的做法應該是，積極的向上司或者老闆表現自己，在目前的工作職位上自己發揮不出才能或者不能完全發揮自己的能力，同時要拿出具體的事例來證明，在另外更重要的工作職位上，自己可以發揮出更大的潛能，可以為公司作出更大的貢獻。只有不斷的向老闆或者上司推薦自己，你的上進心和奮鬥心才能在老闆的頭腦中留下深刻的印象，這樣你的好運氣才能降臨。記住，好運氣有時也是靠自己創造的！

這些工作出色的員工從來不向老闆提出任何要求，老闆也就不會考慮把這些人提升到一個另外一個工作職位上去。這些人正確的做法應該是，積極的向上司或者老闆表現自己，在目前的工作職位上自己發揮不出才能或者不能完全發揮自己的能力，同時要拿出具體的事例來證明，在另外更重要的工作職位上，自己可以發揮出更大的潛能，可以為公司作出更大的貢獻。只有不斷的向老闆或者上司推薦自己，你的上進心和奮鬥心才能在老闆的頭腦中留下深刻的印象，這樣你的好運氣才能降臨。記住，好運氣有時也是靠自己創造的！

第三章
求職勇闖面試關

一、專家教你攻破面試關

面試，是所有人都要經歷的求職關。要跨越這道關卡，個中精髓要掌握以下幾點。

(一) 企業攻略

攻略一：企業想了解什麼

面試是企業「伯樂相馬」的過程，他們想「相」的是德才兼備的人才，所以他們非常關注求職者的綜合素養和實際運用能力。企業的考查涉及各方各面，除了考查求職者的專業技能這些「硬體」外，更注重「軟體」資質，如學習能力、適應能力、表達能力、說服溝通能力、創新能力、組織協調能力、團隊合作精神等。另外，職業道德、敬業精神和人文素養也是衡量的要點。

攻略二：企業愛用的招數

目前，企業在招聘過程中，除了傳統的口試和筆試外，還加入了管理遊戲和情景模擬面試法，這樣，對求職者的考查會更加全面。

求職者要學會以不變應萬變。首先，面試前，要仔細分析自己的強項和弱項，揚長避短，明確定位，盡可能詳盡了解招聘企業的用人制度、企業文化和應聘職位的要求，尋找自己與企業的最佳契合點。其次，在面試前最好做一次有針對性的模擬面試，估計考官會問什麼樣的問題，自己採取什麼策略來回答，這樣，基本上能做到心中有數。

(二) 求職者攻略

攻略一：第一印象

面試時給考官的第一印象很重要，開始的印象往往很可能就決定了面試結果。大體說來，著裝應與企業性質、文化相吻合，與職位相匹配。不論去什麼公司，正裝不僅正式大方，而且對別人也是一種尊重。女孩子一定要注重衣著形態的細節，避免穿無袖、露背、迷你裙等服裝。對於初次求職者或剛出校門的大學生，服裝也要以大方簡潔為主。此外，女性求職者在夏季面試時要注意化妝端莊淡雅，細節處理好，如頭髮、指甲、配件等都應乾淨清爽，顯示出幹練精神的良好印象。

攻略二：切忌緊張與慌張

面對掌握「生殺予奪」權力的面試官，多數人都會表現出緊張來，這是面試的大忌。對大多數人來說，面試時的緊張多半是由於太在乎面試機會，唯恐不被錄取導致的。告訴你一個調整方法：面試前努力全身心放鬆；面試時用深呼吸的方法保持平靜，或用心理暗示的方法來使自己放鬆，如在心裡默念「我很放鬆，我盡力就行了」。只有放鬆，才能準確把握考官要問的問題和自己的回答方式。記住，心情放鬆、心態平和、充滿自信，這樣不僅能給考官留下好印象，也有利於保持頭腦清醒、思維敏捷，在這樣的狀態下所做的回答才是最能令考官滿意的。

攻略三：自我介紹，重點突出

「自我介紹」幾乎是所有考官必問的題目，求職者在回答時一定要注意，所述內容要與履歷一致，若自相矛盾，只會讓對方覺得自己誠信有問題。在真正做「自我介紹」時，不妨坦誠自信的展現自我，重點突出與應聘職位相吻合的優勢。你的相關能力和素養是企業最感興趣的資訊，因此，在許多情況下，在聽取你的介紹時，考官也會抓住他感興趣的點深入詢問。所以，在進行表述時，要力求以真實為基礎，顧及表達的邏輯性和條理性，避免冗長而沒有重點的敘述。這樣專業而出色的表現，肯定是令考官們讚賞有加的。

到底考官們想從「自我介紹」中「嗅」出點什麼來？其實，「自我介紹」是考官對面試者進行的綜合能力考查，主要評估面試者的言談舉止是否得體，個性特點、行事風格是否合意，敬業精神與自信是否具備。同時，有經驗的面試官會從中窺出面試者的表達能力、學習能力、理解能力、溝通能力和團隊合作精神等。

攻略四：肢體語言，成功的變數

一顰一笑，一舉手一投足，這就是你的肢體語言。肢體語言有什麼妙用？在面試者給人的印象中，用詞內容占百分之七，肢體語言占百分之五十五，剩下的百分之三十八來自語音語調。因此，在面試中，不妨謹記以下這些小細節 —— 仔細聆聽、面帶微笑、措辭嚴謹、回答簡潔明瞭、精神風貌樂觀積極，這些豐富的肢體語言和恰當的語音語調，勢必會使你的面試錦上添花、事半功倍！

攻略五：面試也要講誠信

很多求職者為了能得到工作機會，在面試中採取撒謊策略。徐女士提醒大家，成敗在細節，有經驗的 HR 會很快區分出謊話與真話。因此，千萬不要在面試時說謊，這樣一定沒有機會。此外，在進行任何一次面試後，都要仔細進行總結成敗之處，看看哪些問題容易被問到，這樣，在下一次的面試中就可以避免「在同一條陰溝裡翻船」了。

(三) 焦點問題攻略

焦點之一：

大學生面試屢屢失敗，怎麼辦？

解惑：

首先，大學生們需要調整好心態，因為任何人都會經歷從「學生族」到「上班族」這一過程，而學生不管是從經驗上還是處理事情的能力上，確實和有工作經驗的人存在著一定的差距。面試官為了找到最合適的人，面試時可能會讓求職者覺得比較苛刻。因此，求職者要學會在面試中發現自己的長處和不足，找到自己的能力優勢和公司需要之間的契合點。

第二，企業在招聘職場新人時，更看重的是面試者的綜合素養和潛在能力。作為應屆畢業生，面試前要整合自己的優勢資源，分析自己的強弱項。此外，事先要多多了解應聘公司的企業文化和應聘職位的職責要求，只有充分準備、知己知彼，才能在面試中脫穎而出！

第三，要反思就業目標的選擇是否適合自己，以便及時做出調整。

建議：對於即將畢業的畢業生來說，面試時盡量放輕鬆，把你最好的一面展現出來。同時，面試也是累積的過程，應該對自己有信心，在面試中展現你的溝通能力、領導能力、團隊合作精神，在面試中想一鳴驚人表現自己，有時候反而適得其反。從職涯的發展規劃來看，大學生需要盡快給自己定位，透過專業的測評工具，了解自己的個性特點和職業氣質能力傾向，評估自己的優勢和弱項，並結合自己的興趣和專業背景，尋找人職匹配的工作。

焦點之二：

職場老馬，面試為何還屢戰屢敗？

解惑：

徐女士認為，對於有豐富經驗的求職者，如果在履歷上被選中的機率還不算太低的話，主要的問題可能出在面試技巧上。有可能沒有做好針對性強的面試，或者傾聽和回答問題的能力還有待提高，抑或是由於不了解面試的結構、意圖和過程而造成緊張的心情有關。注意，由於準備不充分，在面試過程中太想發揮表現自己，結果卻適得其反，導致了面試失利。

建議：參加一些面試技巧的培訓，在面試前事先模擬面試場景，習慣成自然後，面試時便會充滿自信，並遊刃有餘。此外，過多的選擇機會往往會分散求職者的精力，請大家盡快定位，看準職業目標，並集中精力應對。同時，不要被面試時的感覺所左右，有時是因為面試官在不想破壞面試氣氛而技巧性的婉拒你，抑或他們招聘到了比你更合適的人。要學會在不斷總結累積面試經驗的過程中，努力提高面試技巧，不斷提高謀職策略。

焦點之三：

低學歷如何贏得面試機會？

解惑：

企業在招聘時，在注重學歷的同時，更看重的是求職者的實際能力和綜合素養以及全方位的實際運用能力，因為這才是為企業創造價值的核心所在。所以，在找工作時，如果學歷上不占優勢，要在履歷裡和面試的過程中突出你的實際能力和能夠給企業帶來的價值。而如果真的碰到那些只講學歷不論能力的企業拒絕了你，也沒有必要惋惜，因為這個企業也許並不適合你。

另外，在找工作時，不要急於求成，事先要對即將面試的公司有一個充分了解，防止受騙。在面試時，可以對公司的背景、經營模式、目前的發展狀況和未來的發展規劃、企業文化等有一個了解。不要輕易給招聘公司預付任何費用。

建議：在接受公司所提出的各項條件之前，先做一個理性的分析，千萬不要為了得到一份工作而盲目的選擇一份工作。

二、面試被「識」的同時也「識」企業

絕大部分人在求職過程中，都會經歷面試環節。然而你有沒有想過，在不斷被面試官觀察、詢問、剖析、評價的過程中，求職者也可藉機認識企業。

每個人或多或少會有些求職經歷。求職者要為接踵而來的筆試、面試和層層複試做各種準備。看起來，求職者處於被動狀態，不斷的被面試官觀察、詢問、剖析、評價，其實換個角度看，這個過程也是求職者「面試」企業的絕佳機會。

企業一次次面試應聘者，以期透過應聘者越來越難以事先準備的反應，考量其真實水準。但是，絕大多數面試官不可能像應聘者一樣，做好被「考問」的準備。在這種情況下，應聘人員出其不意的使用一兩招「進可攻，退可守」的招數，或許可以達到「後發而先至」的效果，搶先一步把企業的家底實實在在的考查一把。

(一)「莎麗」號的故事

這裡先說個小故事。

十九世紀末期，航海業蓬勃發展起來。西班牙有個叫大衛的船長，經

營著一個巨大的航運集團，控制了通往世界各國的許多航線。在他的航運集團中，運量最大的船「莎麗」號是整個集團的王牌船艦，承擔著整個集團最重要的航運任務。但令大衛苦惱的是，一直找不到一位合適的人擔任「莎麗」號船長。大衛也曾出重金從航運界中挖了幾位經驗豐富、有口皆碑的船長來主持「莎麗」號。奇怪的是，每一位船長最後都失敗了，他們在其他船隊中表現出的傲人能力在這裡遭到了嚴峻的挑戰。雖然船長們使盡渾身解數，但「莎麗」號的經營業績仍直線下降。大衛苦苦思索了許久，終於想通了一個事實：不是船長們的能力不行，而是職位設計本身存在缺陷。這個職位就像一個巨大的黑洞，任何一個踏上此職位的人都逃脫不了失敗的結局。

「莎麗」號的故事在職場中經常被引用，人們把像「莎麗」號船長這種無人可以勝任的職位稱為「守寡式職位」。

（二）識別「守寡式職位」

如果你不幸「撞」上了「守寡式職位」，我們的建議是，除非你特別有能耐、有信心，否則還是保守一些較為妥當。那麼，怎麼來識別「守寡式職位呢？」

一般來說，在面試接近尾聲時，面試官出於禮貌或者習慣，往往會詢問應聘者是否還有其他問題需要面試官作答。應聘人員千萬要把握住這個機會，問一個至二個問題，一來讓面試官體會到你在來之前做足了功課，反映出你對此次應聘的重視；二來可趁此機會進一步了解所應聘企業、職位的具體資訊。如果沒有特別想詢問的，我的建議是，你可以問「貴公司為什麼會公開招聘某某職位」—— 這個問題對識別該職位是否為「守寡式職位」非常關鍵。

對企業而言，有些招聘是出於成長的需要，有些是業務擴張的需要，但有些，表面上是由於企業始終沒有找到合適的人選，抱著寧缺毋濫的宗旨一次又一次虛席以待，實質上卻是由於職位設置本身有嚴重缺陷而導致頻繁換人。這就是職場「守寡式職位」的典型表現。

所以，如果主考官回答這一問題時閃爍其詞，或者你從考官的嘴中知道有好幾個前任，那麼也許你所應聘的職位存在著明顯的「模糊地帶」，你該慎重了。

(三) 識別企業文化

企業文化對個人發展極為重要。一個聰明的求職者，不難在面試過程中過濾出一些關於企業文化的資訊，從而判斷出企業的環境是否公平，也可以判斷出如果入職該企業，上升通道中是否有限制因素。

有時面試官會問應聘者一些健康、婚姻、孩子、家庭等個人生活細節方面的問題。這樣的問題往往能暴露出企業的某些傾向，其中有些可能是歧視的。對這樣的企業，求職者在做出入職決定前，應該慎之又慎。

當然，有些企業的面試官在問這些問題時，主觀上並不希望帶上「歧視」烙印，可客觀效果卻事與願違。這只能說明一點，就是該企業在對應聘人員進行面試前，沒有精心設計和規劃面試的架構，面試過於隨意，從而導致「失誤」。這樣的企業，其文化也是不完美的，因為作為企業人力資源配置的重要決策人員，在處理人的問題上過於隨意，對個人來說，對職業發展也非常不利。

總之，面試過程可以成為應聘人員和用人公司相互摸底的環節。對企業來講，透過面試可以鑒別並且留住心儀的人才；對應聘人員來說，也可以減少許多不確定因素，讓自己的最終抉擇的穩定係數和安全指數大大提高，這樣更有利於保持個人職業發展的連貫性。

三、求職者的必修功課：成功面試取勝有道

對於求職者來說，能得到一次面試通知，就像聽到了佳音降臨，無論是屢屢失意的求職者還是躊躇滿志的求職者，面試是一次機會更是一場考驗。如何能夠感動考官，如何能夠讓自己在眾多的求職者中脫穎而出，是每一個求職者都必須好好完成的一門功課。

首先，建立正確的價值觀和生活觀，以誠懇的態度待人。履歷可以事先撰寫，但是求職者面試時的臨場反應是很難提前準備的。所以求職者平時要養成良好的習慣，樹立正確的價值觀和人生觀。在面試中，始終以誠懇和感恩的心態來對待出現的各種狀況。這樣，即使你當時沒有被錄取，也不會感到有所遺憾。

第二，充分凸顯你的獨特之處。包括你的專業資質，你的綜合競爭力和獨一無二的經歷。如果你沒有相關的工作經驗，但是你有透過專業資質考試的證書，這無疑會為你的面試達到加分的效果。一張合格的職業證書說明你經過了專業訓練，可以為求職者贏得更多的信賴。

綜合競爭力包括你的外語能力，電腦應用程度和你以往的工作經歷。美商企業和科技類企業都會在面試前進行英語聽力測驗和閱讀測驗，或者在面試中加入口語測試。同時，現在大部分的企業都要求應聘者能熟練運用電腦，以提高工作效率。所以，求職者務必加強自己在這兩方面的實踐能力。

對於大學畢業生來說，你的工作經歷就包括了打工或實習時所獲得的工作經驗。比如你應徵的是市場行銷工作，你就可以將以前打工時當推銷

員的經歷作為佐證。此外，對於大學畢業生而言，你所參加的社會活動，也能向面試者反映出你的企劃和執行能力，並由你在組織中的角色反映出你的人際互動模式和工作形態。所以，自己的獨特之處所帶來的優勢，應該是求職者在面試中加以突出，並向面試者明示的部分。

第三，充分了解自己將要擔當的工作，適才適所最重要。在面試中，求職者不僅要消除面試者的疑問，更重要的是，求知者要充分的了解自己將要加盟的公司，將要擔當的工作包含哪些具體事務。如果事先不能獲得有關公司情況的詳細資料，可以在面試中透過提問來獲得有關的印象，並由此作出判斷。

許多企業在面試中會加入性向測試，以了解求職者的個性和工作適應度。但是很多求職者誤將性向測試當作考試，全力迎合題目，造成測試結果和個人特質完全不符。不但企業誤判，也對個人職涯的發展造成損失。

最後，向面試者強調你的職業發展動機和專業素養。一旦有機會，求職者應該向面試者詢問，他們對員工有哪些培訓計畫。一方面可以發現企業的管理理念，另一方面，可以向面試者表明，你在某一領域有長期發展的打算，你有希望不斷學習不斷提高自己的願望。尤其是對於大學畢業生而言，企業認為無論是工作技能，專業知識與人際網路，他們都必須重新學習和建立，開放的學習精神可以讓他們彌補工作技能上的不足。如果可能的話，求職者還應當對所應徵的行業提出自己的見解。無論對現狀的分析，還是對趨勢的預言，都是向面試者表明你一直在關注這個行業，你是這個行業的專家。

適當的回答或適當的提問，都會讓你在一場面試中勝出。此外，在面試過程中，保持適當的禮儀更是必不可少。總之，面試只是每個求職者必須跨過門檻，如何能夠透過工作來滿足個人的需求，實現自己的人生目標，可能是職場人士要不斷考慮的一個問題。

四、面試成功「通關」六大訣竅

應聘者在接受面試時，關鍵是要掌握一些簡單的方法，遵循一些基本的原則，這樣才能給面試考官留下一個好印象。讓我們透過一些簡約而不簡單的實例，來印證專家們的真知灼見吧！

（一）親友團：不帶為妙

案例：李梅是獨生女，從小到大學畢業都沒有離開過父母半步，生活諸方面都是由父母操辦，由此養成了「茶來伸手、飯來張口」的陋習，生活獨立性很差。

提醒：在應聘面試時，「親友團」還是不帶為妙。千萬不要以「情侶檔」或父母陪同的方式去求職，這樣會讓考官認為你依賴性太強、獨立性太差，繼而對你的能力產生懷疑。尤其值得注意的是，詢問招聘的情況，一定要自己打電話或者上門親自詢問。這些直接影響著考官對你的第一印象，決定著你求職的成敗。

（二）微笑：始終如一

案例：事實證明，微笑是職場制勝的法寶。張曉平性格內向、表情生硬，在面試遭到多次失敗後，才深知微笑的重要性。於是，他借閱了一些書籍，並按照書上的要求，對著鏡子練習微笑。皇天不負苦心人，曉平終於可以微笑「自如」了。他信心十足的又到處去應聘。一次，曉平到一家公司應聘行銷經理，接待人員將他帶到面試地點，他一心想著怎樣放鬆自己，面試時讓微笑自然流露出來，便冷落了接待人員，結果又慘遭淘汰。

提醒：微笑應貫穿應聘全過程。應聘者進了公司，從跟櫃檯打交道開始，就不妨以笑臉迎人。見到面試官之後，不管對方是何種表情，都要微笑著與其握手、作自我介紹。在面試過程中，也要始終注意，不要讓臉部表情過於僵硬，要適時保持微笑。面試結束後，不管面試官給了你怎樣傷心的答覆，也要微笑著起身，並主動握手道別。

(三) 自我介紹：二分鐘秀出自己

案例：面試時，考官一般會讓你進行簡單的自我介紹。這時你千萬不能說求職信上都寫得清清楚楚之類的話，而應用二分鐘左右的時間，把自己的基本情況描述出來。

阿龍到一家外資企業應聘部門主管之職。面試時，考官要他簡單介紹一下自己。早有準備的阿龍從容不迫，先談自己讀研時所學的課程和成績、參加過什麼社會活動、得過什麼獎勵；後談走入社會後的幾次工作經歷，以及自己的特長……洋洋灑灑七八分鐘，聽得考官很不耐煩。這樣面面俱到、重點不突出的自我介紹，雖然沒有什麼破綻，但由於沒有新意、冗長瑣碎，使得考官對他的表達、綜合等諸方面的能力產生懷疑。最終，細根落選了。

提醒：有一位公共關係學教授說過這樣一句話，就是「每個人都要向孔雀學習，二分鐘就讓整個世界記住自己的美。」自我介紹也是一樣，只要在短時間內讓考官了解自己的能力、特長，就已經足矣，千萬別做「畫蛇添足」的蠢事。

(四) 傾聽：聚精會神

案例：在應聘面試時，做一個合格的聽眾至關重要。劉紅是個比較內向的女孩，平日為人處世比較得體，也知道傾聽的重要性，但在面試中還是出了一個小小的差錯。一次，小紅在一家公司接受面試，臨近尾聲時，考官對小紅的表現給予了正面評價，言語之中頗有欣賞之意。也許是考官今天的心情特別好的緣故，竟開始介紹起公司的基本情況與發展前景來。小紅一高興便分了神，也開始憧憬美好未來。看到她分神的樣子，考官很不舒服，就又多問了幾個問題，最後，考官說了句「很遺憾……」

提醒：面試時，應聘者的目光應正視對方，在考官講話的過程中適時點頭示意。因為這既是對對方的尊重，也可讓對方感到你很有風度，誠懇、大氣、不怯場。當面試官介紹公司和職位情況時，更要適時給予回饋，表明你很重視他所說的內容，並且記在心裡了。最後特別強調一點：面試前，千萬要關掉手機等通訊工具，避免無端打斷考官的講話。

(五) 應答：思考五秒鐘

案例：劉魁名如其人，不但人長得高大魁梧，而且性格也大喇喇。就是這樣一個性格，讓大劉在應聘面試時吃了大虧：考官提出，「公司要你在一年之內打開本市的銷售市場，你行嗎？」大劉不假思索就說行。考官馬上追問：「怎麼做呢？」大劉一下子說不出來，陷入了沉思。大劉這種草率的行為，頗令考官反感，將其排斥在公司大門之外是可想而知的。

提醒：當面試官問及一個重要問題，尤其是有關工作業績方面的，譬如要求你描述一下做過的一個專案、承擔過的一項任務。在回答之前，應適當停頓五秒鐘，留出一段思考的時間。這樣做，除了可以組織一下要表達的內容，重要的是告訴對方你正在認真回憶過去的經歷；若是你在回答這些問題時根本不用思考，且倒背如流，面試官第一感覺可能是你事先經過了精心準備，繼而會對你所說內容的真實性打個問號。求職攻略：試把自己演練成職場老手。

五、英語電話面試應急訓練

很多外商在當面的面試之前會有一個電話英語面試，時間一般在二十至三十分鐘左右，用以核實求職者的背景和英文表達力。求職面試英語研究專家建議，求職者在投遞履歷以後要做好各種充分的準備。

・準備幾個基本問題

如果你提前知道了電話面試的時間，則可以在面試時把履歷、cover letter 放在你旁邊的桌子上，直接運用裡面的句子回答問題。一些基本的問題，你可以事先準備好答案。通常，在電話英語面試的時候會提到：

Please tell me something unreflected at your C.V./about yourself/your experience/your activities. 談談你簡歷中沒有提及的一些事情 / 談談你自己 / 你的經歷 / 你參與的活動。

An example of team work. 舉出一個你參與團體合作的例子。

Why do you choose this position? 你為什麼選擇這個職位。

Why should we hire you? 為什麼我們應該雇用你？

開放式討論如 information technology（資訊技術）或者 the role of university in society（大學的社會角色）等，主要考查求職者的思維方式。

自由提問。求職者可以事先準備一些問題去詢問面試官。

・聽不清時怎麼辦？

如果有話語沒有聽清楚，求職者不必緊張，可以鎮定的請求再說一遍。可以用到的句子：

pardon？請再說一遍

Would you please simplify the question? 你能把這個問題說得簡單些嗎？

Would you please say it in other words? 你能用別的話來表達你的意思嗎？

Would you please speak a little bit louder? I cannot hear you clearly. 你說話聲音能大一點嗎？我聽不清楚。

・如何應對突襲電話面試

當你正在球場或者公車上突然接到了面試電話，此時沒有任何準備，建議你首先試探看看是否可以給你個準備時間稍後再進行電話面試。可以用到的句子：

May I call you back half an hour later? May I have your phone number and recall you?

如果可以贏得時間，你應該馬上趕回去，攤開資料寫出一個提綱，從容應答。如果對方不同意推遲時間，你應該馬上找個安靜的地方坐下來開始回答。

六、「眉目傳情」獨闖面試關口

(一) 眉目傳神熱情自信

一般說來，眼睛會表現出自卑和自信、誠實和偽裝。在你進門之後，面試者會叫你的名字，與你打招呼；在問話的過程中，他會用眼睛注視你。如果你的眼光游移不定，逃避他的注視，這既表示你比較拘謹，也表示你對他的問題有一種自卑心理。如果你與對方打招呼或提問時都能熱情的注視對方，則顯示你既有堅定的性格又有自信心。一個人誠實與否，可以從她的眼睛裡反映出來。如果她的內心為某種事實擔心，而又無法坦白的說出時，眼睛是忽東忽西的。有的人會突然做出一些姿態轉移別人的眼神。而誠實的眼睛哪怕是避開別人，也會顯得是在認真的思考，而不是在打其他的主意。

(二) 認真識別考官情緒

女性在面試時，用眼睛注視招聘人很有用，但如果用過頭，不但會使招聘人感到不自在，你自己也會分神聽不清楚招聘人到底在說什麼。你可以時常注視著對方，偶爾點點頭或搖搖頭，讓對方知道你到底聽進去他的話沒有。

你必須識別面試主考官的身體語言變化，當面談者表現為坐立不安，眼看桌面的小東西，手指頭輕敲著桌面，這時候你可以試著改變話題或主動提問題，讓面談者重新回到談話中來。當面談者分神時，表現為眼睛到處游移，或看著桌上的東西，這時，你說什麼他都沒有聽進去。當面談者不太愉快時，通常表現為雙手在胸前交叉，身體向後靠，明顯的改變坐姿等。當面談者聽了你的話感興趣時，表現為坐姿向前傾，眼睛注視著你。

(三) 察「顏」觀色巧妙應對

你留給招聘人一個什麼印象呢？這可以從招聘人的眼神中看出一些。如果對方很滿意你，他的眼神一定會有所反映。他會隨你的話加強對你的注視，你能看到他的眼眸裡多了一些光彩。如果很滿意你的回答，他會情不自禁的點點頭，凝神的眼光會突然閃亮。如果你能使他表現出這樣的眼神，你的回答可以說成功了。

最令人擔憂的是這樣的一種面試者：他的臉上似乎溢著笑容，但眼睛中卻無一絲笑意。如果始終不能改變他那雙眼睛，就說明你還未能使他滿意。有人把這種面試者的臉叫做「撲克臉」，說他們毫無真實的表情，笑容彷彿是印上去的。

如果對方對你的回答產生了厭煩，會有什麼表現呢？他會把視線拋到老遠的地方去，例如抬頭望天花板，側身注視窗外。這時，你應立即意識到自己說走了題或說得過於冗長，應設法趕快結束。有時對方的提問不當或理解不了你的話也會使你產生防禦、抗拒的心理，但作為應試者，絕不可也來這麼一番表情。

七、有信心才能使面試成功機會更大

信心是應聘者在面試者面前是否具有吸引力的一個非常重要的因素。有信心的人往往在做事、說話和判斷中，以及在對自己的能力方面表現出強烈的信心。有信心的人善於對他們自己的決定和行為的後果承擔責任。此外，他們往往把衝突視為是發展的機會。下面的問題可以看出應聘者在這方面的情況。

請講一下去年你承擔的最具有挑戰性的任務之一。你為什麼認為那件事很具有挑戰性？

解決衝突的能力會使你在管理中做得更好，在這方面，你有什麼經驗？

若你和你的老闆在某件事上有很大的衝突，你該如何彌補你們之間的分歧？請舉實例說明。

請說出你和你的老闆在工作重點上發生衝突的一次經歷，你是怎樣解決你們之間的衝突的？

講這樣一個故事：你做出了一個決定，但事情的發展事與願違。你怎樣彌補這種局面？

我想知道，工作中什麼環境和事情對你的影響最大？

過去三年裡，你對自己有了怎樣的認識？

你是怎樣獲得新觀點和新主張的？

未來十年裡，這個行業面臨的最主要的問題是什麼？你自己準備如何應對未來的變化？

過去六個月中，你有多少次是跨越了自己專業、權力和責任來做你的分外工作的？為什麼？你是怎樣完成這些工作的？

(一) 靈活多變性

靈活多變的應聘者有高超的交際溝通能力，他們在維持個人和公司利益的同時，知道如何隨時調整他們的做事方式和方法。這樣的應聘者知道，人和人之間是有很大區別的，為了把工作做好，管理者得使用不同的辦法來使得下屬們相互配合協作。善於變通的人也很會管理時間，並能夠平衡不同的工作重點。下面一些問題能夠看出應聘者在這方面的能力。

講講你曾經改變工作方法來應付複雜工作情況的經歷。

講講這樣一個工作經歷：你的老闆讓你承擔非你本職工作的任務，而接下任務的話，你就無法按時完成自己的本職工作。這種情況下，你是怎樣辦的？

你認為什麼樣的人最難在工作中一起共事？在這種情況下，你用什麼方法和這樣的人成功共事？

講講你曾經遇到的同時接受很多工作任務的經歷。你是怎樣設法完成這些工作的？

請描述一下你是怎樣計畫一個特別忙碌的一天的？

你是怎樣計畫每天（每週）的活動的？

若有很多工作要做，每個工作的完成期限都非常短，你該用什麼方法在有限的時間內來完成這些工作？

你怎樣判斷哪些工作是重點，而哪些不是重點？

講一個這樣的經歷：在短期危機和長遠任務相矛盾的情況下，你是怎樣決定哪些是工作重點，而哪些是次重點的？

干擾是工作中常見的事。過去你用什麼方法來減少工作中的干擾的？

在你前任工作中，哪些本來不屬於你的正常工作，而你卻承擔了？我想知道你為什麼要做那些非本職工作呢？

(二) 繼續學習

如今是知識和日新月異的時代，一個人已經掌握的技能可能很快就過時了。任何工作優秀的應聘者都是那些不斷更新自己知識和技能的人。自我發展是每個人自己的事，而不是老闆要求去做的事。那些主動自我學習的人，是那些想不斷提高自己的人。面試中，也該聽聽，應聘者在工作中出現了業務或判斷方面的失誤時，是否會從經驗和教訓中學到什麼。那些出錯後一味責怪公司和他人的人不會從經驗和教訓中學到什麼。下面一些問題是用來考察應聘者是否具備這方面素養的。

請講講你從某個項目或任務中學到了什麼？

為了提升你的工作效率，近來你都做了些什麼？

講一個這樣的經歷：發生一件對你來說很糟糕的事情，但後來證明，你從這個糟糕的事件中學到了很多。

過去十二個月裡，你投資多少錢和時間用於自我發展的，你為什麼要這樣做？

告訴我，你是怎樣有意識的提高自己的工作技能、知識和能力的？你用什麼辦法來達到這一目的？

我想知道，是什麼時候或在什麼環境下導致你決定學習一些全新的東西？

你用什麼方法告訴你（目前的）老闆你想接受更多的發展（或挑戰）的機會的？

你認為這個行業未來十年面臨的最主要的問題是什麼？你準備怎樣應對未來的變化？

過去三年裡，你為自我發展訂立了什麼樣的目標？為什麼要訂立那樣的目標？

你近來接受的哪些教育經歷有助於你做好這個工作？

為了做這個工作，你都做了哪些準備？

假如你的老闆就你的工作和技能做出一些評價，但這些評價與實際不符，你該怎樣辦？

(三) 決策和分析問題的能力

簡言之，做決定就是從某一問題眾多的答案中選擇一個。決定能力是衡量應聘者綜合能力的非常重要的指標之一。如今，你如果不知道某位應聘者是否具有材料收集、資料分析和系統推理能力的話，你是不能聘用這個人的。有經驗的應聘者知道，決定是不能在真空中做出，必須考慮到某個決定對公司其他方面的影響。下面的問題可以幫你考察應聘者在這方面的能力。

你覺得你在解決問題時憑邏輯推理還是僅憑感覺？請根據你以前的工作經歷來談談你的體會。

舉一個過去的例子說明，在做出決定時，必須進行認真分析、周密考慮。請說說你做決定的過程。

如果我們讓你做這個職位的話，你怎樣決定是否接受這個工作？

你為什麼做這一行，而不做其他行呢？

你一生中做出的最有意義的決定是什麼？那個決定為什麼有意義？那個決定是怎樣做出來的？

當你要決定是否試做全新的事情時，你對成功的把握性有多大？

在你的前任工作中，你根據什麼標準決定是否做些不屬於你工作任務的任務專案？

你為什麼在事業的這個階段決定尋找新的機會？

假設你想要給自己找一位助手，有兩位候選人，你怎樣決定聘用哪一個呢？

假如另一部門的某位員工經常來打擾你部門員工的工作，你有哪些辦法可以解決這個問題？你會選擇哪個辦法？為什麼？

(四) 策略家素養：統攬全域的能力

沒有統攬全域能力的應聘者是看不見工作中長遠的、更大的目標的。而統攬全域的應聘者能夠看出複雜的問題，並能找出解決問題的長遠辦法。這樣的應聘者總是圍繞著公司整體目標的實現，而不是個人目標的實現來展開工作的。如果讓這樣的應聘者加盟公司，他們會把精力放在提高公司的服務、促進公司的發展和提高公司的利潤上。下面的一些問題能夠看出應聘者是否具備這樣的才華。

講講這樣一個經歷：你發現公司的政策和業務有重大問題或錯誤，你向公司推薦了什麼樣的解決問題的辦法？

請講講公司的哪些目標曾經交由你們部門來實現，你和你的員工怎樣認識到那些目標的重要性的？

你是如何確保公司的觀點、任務和目標能夠反映到你和你的員工的工作中？

請說說這樣一個經歷：有一個很大的難題困擾著公司的發展，你參與了這個難題的解決，並做出了某些貢獻。

當你做決定時，你會從哪些方面考慮這個決定會對公司其他部門產生影響？

假如管理層要求你裁員百分之二十，你根據什麼來決定裁掉哪些人員，留住哪些人員？

講講這樣一個經歷：你在處理一個特別重要的問題時，又出現了一個新的危機，你該怎樣決定先做什麼，後做什麼？

你認為這個行業未來十年所面臨的最大的問題是什麼？你打算怎樣應對這些問題？

在你的前任工作中，你根據什麼標準來決定是否做些沒有或不希望讓你做的任務、項目以及責任等？

假設你做了一個決定，這個決定的結果比較差。你該怎樣看出原來的分析究竟忽略了什麼？

（五）自我評估式問題

這類問題主要是為了讓應聘者根據自己的判斷對自己的行為、經歷和技能進行分析。這類問題使面試者有機會看出應聘者究竟怎樣看待自己。此外，這些問題也能深入了解應聘者的自我形象，以及自尊、自醒、自我認識的能力。

在前任工作中，你的哪些素養使你成為公司很有價值的員工？

請你自己描述一下自己。

到目前為止，你認為你哪方面的技能或個人素養是你成功的主要原因？

當別人講你的時候，他們首先會提及你哪方面的素養？

你認為你的工作效率怎麼樣？

什麼東西促使你努力工作？

你認為你對工作的最重要的貢獻是什麼？

如果你被聘用的話，你會帶來什麼其他人不能帶來的優點和長處？

什麼特別的素養使你和他人有所區別？

你為什麼認為你很勝任這個工作？

面試新畢業學生所要使用的問題：

當面試剛剛走出校門的畢業生時（就是那些幾乎沒有工作經驗的應聘者），你希望錄用那些要麼學習很快，要麼有領導（管理）潛力的畢業生。

你希望對方有決定能力、毅力（時間加努力等於成功），或是能夠看清人的能力。下面的問題就是為上述目的服務的。

你為什麼想讀大學？

你為什麼選擇……大學（學院）讀書？

大學時，你為什麼選擇……科系？

如果你在大學（學院）做過兼職工作的話，你認為哪種兼職工作對你最有意思？為什麼？

你最喜歡的課程是什麼？為什麼？你最不喜歡的課程是什麼？

你認為你所受的教育對你生活的最大意義是什麼？

你認為學校的分數重要嗎？學校的評分制度有什麼意義，它能展現出什麼來？

你哪門課學得最好？為什麼？

哪些課程學得沒有你想像的那樣好，為什麼？你怎樣來加強那幾門課程的學習的？

你的專業課程中，哪些課程最讓你感興趣了？

我想知道，你在大學時遇到的最有挑戰性的事情是什麼？為什麼你認為那件事對你最具有挑戰性？

介紹一下你的課外活動。你為什麼願意從事那些課外活動？透過那些課外活動，你都學了些什麼？

（六）考核應聘者目標的問題

很多應聘者把他們的能力、價值觀和技術等說得繪聲繪色。你可能禁不住會想：「如果他們這樣優秀的話，為什麼老闆卻看不見呢？」應聘者還向你保證，不是因為工作表現差或公司經營困難老闆強迫他們離職的，而是應聘者本人決定離開公司的。隱含的意思是，他們目前的工作已經無法滿足他們的個人需求和職業目標了。為了評估該應聘者對你公司工作的適任情況，你必須明白應聘者的目標究竟是什麼，然後再看看公司的職位是否能滿足他的目標的實現。下面的問題就是評估應聘者這方面的情況的。

你為什麼對我們的工作職位感興趣？

哪些原因導致你考慮離開你目前的公司？

你想在我們公司找到哪些在你原來公司找不到的東西？

請說說，對你來說，什麼樣的工作氛圍才是非常適宜的？

請你說說，你為什麼認為經常跳槽正代表著你的工作能力？

在什麼情況下你才不會離開你現在的工作職位？

未來工作中，你想避免些什麼？為什麼？

講述一些對你的發展貢獻最大的事件或事情。請說說你從那些事件或事故中學到了什麼，並且是怎樣把所學的知識應用到後來的實際工作中的？

從你的前任工作中，你所學到的最有意義的兩到三件事是什麼？

對你的前任工作來說，你最喜歡和最不喜歡的地方是什麼？

喜歡升遷還是喜歡原地踏步？

其實，幾乎沒有面試者喜歡那些不求上進的人。但也不得不承認，你也的確需要那些安於現狀、不求上進的人。這些人年復一年的做著相同的工作，從未想過提升或承擔更多的工作責任。下面一些問題可以使你區分開哪些人追求上進，哪些人安於現狀。

如果你有很多錢可以使用，你也想讓自己仍然很忙的話，你會利用時間做什麼？

你在學校時想做些什麼？

若你自己來寫你的職位描述的話，你會寫些什麼？

若讓你自己滿意的話，工作中應該包括些什麼？

在這個公司，你個人希望取得什麼樣的成績？

過去十二個月裡，你都給自己定了哪些個人目標？你為什麼要定這樣的目標？

你是怎樣獲得你現在老闆對你工作目標的支援的？

請告訴我，你曾經從事的最好的工作是什麼？你為什麼認為那是最好的工作？你開始是怎樣獲得那份工作的？

講講你主動承擔分外工作的經歷，你為什麼要主動承擔那些分外工作？對那些分外工作你做得怎麼樣？

請講一個你十分喜歡的工作。

(七) 推銷職位

坐在你面前的理想的應聘者具備合適的背景、教育、培訓和態度等方面的條件。你該怎樣鼓動這樣的應聘者加入到你的公司呢？很多面試者直抒胸臆，大講公司有多麼多麼偉大，但卻沒用心去發現應聘者究竟認為什麼對其更有吸引力。下面的問題將問出什麼對應聘者更加具有吸引力。

你想在我們公司找到在其他公司找不到的哪些東西？

這個條件在工作中為什麼顯得重要？

你怎麼知道公司能夠為你提供這些機會？

若公司給你提供你所希望的那些挑戰（自由、責任等）的話，你該怎麼做？

為了確保這個職位能夠給你提供這些條件，你該知道些什麼？

若公司給你提供這些條件，你該怎樣為公司服務？

為了在工作中獲得那些機會和挑戰，你都做了些什麼樣的努力？

哪些原因阻礙了其他公司給你提供這些機會？

如果這個工作完全按你的想法去做的話，該是什麼樣？

你怎麼才能相信我們這有適合你的工作呢？

（八）時間觀念

時間是否能夠有效利用是區分普通和優秀員工或經理的十分重要的條件之一。

請舉例說明你通常是怎樣計畫自己的一天（或一週）的。

在你認為，就時間管理而言，一個人最應該知道的東西是什麼？

若讓你完成大量的工作，而完成期限又十分有限，為了完成任務，你使用的最基本的方法是什麼？

效率高的人（經理、管理者）是怎樣確定自己的工作重點的？

講一個這樣的經歷：你正在處理一件非常重要的事情，這時你還得面對一個很大的危機。你該怎樣分配時間？

打擾是工作中司空見慣的事。過去你用什麼辦法來對付工作中的干擾？

你遇到的最難的時間管理方面的問題是什麼？你為什麼認為那個問題很難？你是怎樣努力解決那個難題的？

講一個這樣的經歷：你的老闆總是在最後一刻才給你分配工作任務，你是怎樣克服由此帶來的巨大麻煩的？

說說這樣一個經歷：你的老闆讓你做些與你工作沒有什麼聯繫的工作，這會使你不能按時完成你的本職工作。你是怎樣解決這個問題的？

假設你接了一個工作，本來計畫這個工作在一週內可以完成，但是，做到中途時，你發現這個工作三個星期也做不完。應對這樣的局面，你有幾種選擇？你將做出哪種選擇？

主動性和獨立思考能力：

假設你的老闆不在，你不得不做出超過你許可權的決定，你該怎麼做？

假設給你分配一個項目，這個項目除了完成期限外，既沒有過往案例，也沒有操作說明，你該怎麼開始這個項目？

你想承擔多更大的責任嗎？為什麼？

講一個你突然接到某個預想不到的任務的經歷。

在你以前的工作中，你曾經解決過多少本來不屬於你職權範圍內的一些公司的問題？

工作給你帶來的最大的滿足是什麼？

在你的上一個工作中，你發現了哪些以前了的問題？

講講上一個工作中，因為你而發生的一些變化。

工作中，你認為哪些情形是比較危險的？為什麼？

請講述這樣一個情況：為了完成某項工作，有必要超出自己的許可權，做一些本職工作以外的工作。

(九) 社交能力

應聘者的社交能力對其工作的最終成功達到舉足輕重的作用。據統計，員工被解雇的最主要的原因是和同事處不好關係。若讓應聘者回答他們能否和同事處好關係的話，他們絕大多數都會說，他們具有很好的人際社交能力。但是，還是有必要看看應聘者這兩方面的情況：一是他們對他人的基本觀點和看法；二是容忍他人的一些行為以及建立並維持富有成效的工作關係的能力。下面的問題就是測試這兩方面的：

在和一個令你討厭的人一起工作時，你是怎樣處理和他在工作中的衝突的？

說一個這樣的經歷：你不得不改變一個公司中比你職位高的人，公司人都知道，這個人思維和工作都很死板。

你喜歡和什麼樣的人一起工作？為什麼？

在你以前的工作中，你發現和什麼樣的人最難處？為了和這種人共事，並使工作效率提高，你是怎樣做的？

你以前的經理做的哪些事情最令你討厭了？

想想你共事過的老闆，他們工作中各自的缺點是什麼？

你認為這些年來同事對你怎麼樣？

講一些你和你的老闆有分歧的事例，你是怎樣處理這些分歧的？

和團隊中的他人緊密合作有時特別難。作為團隊一員，請你說說你遇到的最具有挑戰性的事情是什麼？

若你的經理讓你告訴你的某位同事「表現不好就走人」，你該怎樣處理這件事？

八、如何讓考官喜歡上你

不論你參加何種類型的面試，以下的建議可以說是屢試不爽，馬上為你送上成功大補帖：讓主考官喜歡你。

不管面試的類型設計得如何科學，讓人喜歡的氣質在對方決定誰能獲得職位時總是達到很大的作用。欣賞我們的人或者與我們的興趣、觀點相同的人，這是人之常情。

(一) 展現你與面試者和公司文化的相似之處

你們也許並不完全相同，但你應該找出你們興趣相同的方面：比如共同喜歡的電影、工作方法、產品等等。如果你成功的使有權決定錄用員工的面試者看到了你們的共同之處，例如世界觀、價值觀以及工作方法等，那麼你便贏得了他的好感並因此獲得了工作機會。以下這則真實的故事正是說明了這點：

經過幾個月的努力，小強終於得到了與新加坡一家大公司面試的機會。他在準備面試時絲毫不敢懈怠。作為準備的一部分，小強在面試前一天傍晚去了一趟他準備前去應試的公司。

他純粹只想看看公司辦公樓裡面究竟是什麼樣子，可是就在他看的時候，一名正在掃地的大樓管理員注意到了他，並且問他是否需要幫忙。

小強說了實話：「明天我要來這裡接受一個重要的面試。我想先了解一下這個地方。」那名管理員把小強請到面試者的辦公室（這也許違反了公司的規定），並把擺在高高的架子上的幾艘製作得非常精緻的輪船模型指給他看。顯然的，面試者是名收藏迷。那天晚上，小強趕緊去了趟圖書館，查看了有關舊輪船的資料。

第二天，當小強與面試者見面時，他指著其中的一艘輪船模型說：「嘿！那艘帆船不就是哈德遜號嗎？」這立刻引起了面試者的好感，他也因此得到了這個工作機會。

(二) 聆聽面試者的問題、評論或者感受

人們喜歡別人聽自己說話勝於自己聽別人說話。你應該透過總結、複

述、回應面試者說的話，使對方喜歡你，而不是僅僅注意你要說什麼。

（三）讚美時不要做得太過頭

當看到辦公室好看的東西時，你可以趁機讚美幾句以打破見面時的尷尬，但不要說個沒完。多數面試者討厭這種赤裸裸的巴結奉承。相反，你應該及時切入正題 —— 工作。

（四）講話停頓時顯得像是在思考的樣子

這麼做能使你顯得是那種想好了再說的人。這種做法在面對面的面試時是可以的，因為面試者可以看得出你在思考而且是想好了才回答。例外：在電話面試和視訊會議系統面試時，不要作思考的停頓，否則會出現死氣沉沉的緘默。

（五）適當做筆記

隨身攜帶一本小筆記本。在面試者說話時，特別是你問完一個問題之後，或者他在特別強調某件事情時，你可以做些記錄。做筆記不僅表明你在注意聽，而且也表明你對面試者的尊重。

九、巧舌如簧搞定面試官

「請問，你認為自己最大的弱點是什麼？」對面的人事姐姐眯起眼，擲出最具殺傷力的一招。到這之前，我曾經拜讀過許多「面經」，經典的回答莫過於「我的最大弱點是太勤奮太拚命了，以至於常常忘掉了休息……」

面試時，各種精心設置的「陷阱」往往不期而至，如果老老實實

一五一十的回答 —— 「我的英語沒過六級」，「我性格內向不善與人交往」，「我學技術學得比較慢」，不幸結局可想而知。因此，除了「誠實」，說話的技巧也是我們應該牢牢把握的。

對此，我深有體會。剛上大學時，我就是個出了名的直腸子，宿舍的老四穿衣服勇於挑戰色彩，一天，她喜孜孜的穿件綠色毛衣來問我：「漂亮嗎？」我斜了一眼：「不，像春天裡的一棵大蔥。」而老五的評價顯然比我聰明得多：「非常超前，我剛剛看過時尚雜誌，某位著名設計大師說綠色將是他下款設計的主打色……」儘管我和老五都沒有說謊話，但由此引發的效果卻截然不同。我的審美眼光從此被老四列入「農民」的那一群，而老五呢，成了她的知音！

慢慢的，我發現，有時說話的技巧好像比內容還重要，即使學富五車，說話不得其法也是枉然。比如：人們其實只樂於聊自己感興趣的話題，人們總希望自己的見解得到讚美和肯定，比起中規中矩、分毫不差的「科學性陳述」，人們更欣賞幽默話語……我開始試著改變自己說話的方式。別跟我說什麼口才是天生的，連李開復都坦然承認，自己少年時曾畏懼當眾說話，那麼，又有誰是天才演講家？

「我的最大弱點是……」我沉吟了一會，緩緩說，「對人太熱忱，以至於朋友太多，私人時間太多奉獻給朋友和電話。」

人事姐姐眼裡很明顯的掠過一道亮光，「為什麼選擇加盟我們公司？」

「我用的電腦，就是貴公司的產品。這四年來它處理影像、文字的速度，都讓我非常滿意……」這一招走「親和力」路線，她的眼裡掠過第二道亮光。

「聽說你原來是要投『研發職位』的，是不是沒有通過筆試才投我們銷售部門？」

「不，恰恰相反，我原本的確投的是研發，但教授看過我的履歷後，說我不去做銷售太可惜了。今天，我來推銷一個產品，那就是我自己。我想我至少已經展現出銷售人員的一個基本素養 —— 有耐心了，因為我已經等了四十分鐘。」

「那你在只有一份履歷的情況下為什麼先投了研發？」這個人事姐姐還真不好對付啊，我只有再次表示自己的誠意：「我只是個小小的大學生，之前如果不把履歷投給研發的話，很可能連筆試的機會都沒有。而銷售一職，儘管我也很嚮往，但我相信我可以用誠意來打動你們，正如我現在所做的一樣……」

「你期望的薪資是多少？」請注意，這是最後一個致命的「陷阱」，差之毫釐，就會繆以千里。說實話，我多想開出一個「天價」，每月的薪資能買得起想要的東西，該有多好？可是幸好話到嘴邊，我及時剎住了車，審慎的答：「我想，一份與我的能力以及與貴公司的盛名相符的薪水，你們能接受吧？」

這次面試，成敗如何呢？當人事姐姐例行公事的說「你有什麼要問我」時，我笑嘻嘻的端出這麼一個問題：「還能再見面嗎？」見四下無人，她對我微微一笑，輕輕的說：「當然。一個星期後，再見！」

十、面試中的十二種高級錯誤

在求職面試中，沒有人能保證不犯錯誤。只是聰明的求職者會不斷的修正錯誤走向成熟。然而在面試中有些錯誤卻是一些相當聰明的求職者也難免會一犯再犯的，我們權稱之為高級錯誤。筆者總結近十年跨國公司人力資源管理工作之經驗，列舉出常見的十二種「高級」錯誤，與讀者切磋。

(一) 不善於打破沉默

面試開始時，應試者不善「破冰」(英文直譯，即打破沉默)，而等待面試官打開話匣。面試中，應試者又出於種種顧慮，不願主動說話，結果使面試出現冷場。即便能勉強打破沉默，語音語調亦極其生硬，使場面更顯尷尬。實際上，無論是面試前或面試中，面試者主動致意與交談，會留給面試官熱情和善於與人交談的良好印象。

(二) 與面試官「套近乎」

具備一定專業素養的面試官是忌諱與應試者套近乎的，因為面試中雙方關係過於隨便或過於緊張都會影響面試官的評判。過度「套近乎」亦會在客觀上妨礙應試者在短短的面試時間內，作好專業經驗與技能的陳述。聰明的應試者可以列舉一至兩件有根有據的事情來讚揚招聘公司，從而表現出你對這家公司的興趣。

(三) 為偏見或成見所左右

有時候，參加面試前自己所了解的有關面試官，或該招聘公司的負面評價會左右自己面試中的思維。誤認為貌似冷淡的面試官或是嚴厲或是對應試者不滿意，因此十分緊張。還有些時候，面試官是一位看上去比自己年輕許多的小姐，心中便開始嘀咕：「她怎麼能有資格面試我呢？」其實，在招聘面試這種特殊的採購關係中，應試者作為供方，需要積極面對不同風格的面試官即客戶。一個真正的銷售員在面對客戶的時候，他的態度是無法選擇的。

(四) 慷慨陳詞，卻舉不出例子

應試者大談個人成就、特長、技能時，聰明的面試官一旦反問：「能舉一兩個例子嗎？」應試者便無言應對。而面試官恰恰認為：事實勝於雄辯。在面試中，應試者要想以其所謂的溝通能力、解決問題的能力、團隊合作能力，領導能力等取信於人，唯有舉例。

(五) 缺乏積極態勢

面試官常常會提出或觸及一些讓應試者難為情的事情。很多人對此面紅耳赤，或躲躲閃閃，或撒謊敷衍，而不是誠實的回答、正面的解釋。比方說面試官問：「為什麼五年中換了三次工作？」你有人可能就會大談工作如何困難，上級不支援等，而不是告訴面試官：雖然工作很艱難，自己卻因此學到了很多，也成熟了很多。

(六) 喪失專業風采

有些應試者面試時各方面表現良好，可一旦被問及現所在公司或以前公司時，就會憤怒的抨擊其老闆或者公司，甚至大肆謾罵。在眾多國際化的大企業中，或是在具備專業素養的面試官面前，這種行為是非常忌諱的。

(七) 不善於提問

有些人在不該提問時提問，如面試中打斷面試官談話而提問。也有些人面試前對提問沒有足夠準備，輪到有提問機會時不知說什麼好。而事實上，一個好的提問，勝過履歷中的無數筆墨，會讓面試官刮目相看。

(八) 對個人職業發展計畫模糊

對個人職業發展計畫，很多人只有目標，沒有思路。比如當問及「你未來五年事業發展計畫如何」時，很多人都會回答說「我希望五年之內做到銷售總監一職。」如果面試官接著問「為什麼」，應試者常常會覺得莫名其妙。其實，任何一個具體的職業發展目標都離不開你對個人目前技能的評估，以及你為勝任職業目標所需擬定的粗線條的技能發展計畫。

(九) 假扮完美

面試官常常會問：「你性格上有什麼弱點？你在事業上受過挫折嗎？」有人會毫不猶豫的回答：沒有。其實這種回答常常是對自己不負責任的。沒有人沒有弱點，沒有人沒有受過挫折。只有充分的認識到自己的弱點，也只有正確的認識自己所受的挫折，才能造就真正成熟的人格。

(十) 被「引君入甕」

面試官有時會考核應試者的商業判斷能力及商業道德方面的素養。比如：面試官在介紹公司誠實守信的企業文化之後或索性什麼也不介紹，問：「你作為財務經理，如果我（總經理）要求你一年之內逃稅五千萬元，那你會怎麼做？」如果你當場抓耳搔腮的思考逃稅計謀，或文思泉湧，立即列舉出一大堆方案，都證明你上了他們的圈套。實際上，在幾乎所有的國際化大企業中，遵紀守法是員工行為的最基本要求。

(十一) 主動打探薪資福利

有些應試者會在面試快要結束時主動向面試官打聽該職位的薪資福利等情況，結果是欲速則不達。具備人力資源專業素養的面試者是忌諱這種行為的。其實，如果招聘公司對某一位應試者感興趣的話，自然會問及其薪資情況。

(十二) 不知如何收場

很多求職應試者面試結束時，因成功的興奮，或因失敗的恐懼，會語無倫次，手足無措。其實，面試結束時，作為應試者，你不妨表達你對應聘職位的理解；充滿熱情的告訴面試者你對此職位感興趣，並詢問下一步是什麼；面帶微笑和面試官握手並謝謝面試官的接待及對你的考慮。

十一、男士成功面試著裝指南

即使你生來光彩照人，面試著裝也粗心不得。下面是為準備專業面試的男士提供的最新服裝指南。

西裝：最容易被接受的男性西裝顏色是淺藍、黑中帶淺灰色，接下來就是褐色和米色。材質應該是純毛，在視覺效果上羊毛比任何其他衣料都要好。勿選歐洲設計者設計的西裝，因為它們裁剪得都較緊身，且對於我們生活的這個東方世界來說太花俏。兩件一套的西裝在現在是完全可以接受的，但是在幾年之前人們必須穿三件一套的西裝去面試。

襯衫：這裡的著裝原則很簡單。原則一：總是穿長袖襯衫；原則二：總是穿白色或淡藍色襯衫；原則三：永遠不要違背原則一和二。在此我說「白色」，並不是要排除帶淡紅或淡藍條紋的白襯衫，這些「白色」襯衫儘管不是一流的，但都是可取的。單一色的白色襯衫傳遞著某種不可言傳的感覺：誠實、聰明和穩重。它應該是你的首要選擇，而藝術家、作家、工程師和其他創造性專業人員有時抵觸白色是事實，對於他們來說，淡藍色也許是最好的選擇。記住：顏色越淡，底色越精妙，你給人留下的印象越好。

領帶：一條純真絲領帶產生的職業效果最佳，其展現出來的優雅給人的感覺最好，也最容易打好。亞麻領帶太隨便，最易起皺，只有在較暖和的天氣合適。毛料領帶不僅外觀隨便，而且打結困難。人造纖維有發光的特點，當你希望它們給人淡雅的感覺時，它們的顏色卻令人刺目，可能有損你的職業形象。由此看來，純真絲的領帶，或者百分之五十的羊毛和百分之五十的真絲混合織成的領帶應該是你面試時的選擇。

領帶應該給你的衣服增色，這就是說你的打扮應該有一個整體的平衡：一般的經驗是你領帶的寬度應大致和你的西裝上衣延及胸前的翻領的寬度相似，至今已經流行了十多年的大家普遍接受的標準。如果你的領帶比此標準寬，那你給人的感覺是你仍停留在迪斯可時代。

鞋子：男士應穿黑色或棕色的皮鞋，其他材料和顏色都不妥，會冒太大風險！

繫鞋帶的皮鞋是最保守的選擇，但幾乎廣為接受，無鞋帶的也較大方得體，但切勿把這種鞋與船鞋混為一談。這種無鞋帶的皮鞋需樸素大方、鞋幫較淺，無論白天還是晚上，在正式場合中都較合適（繫鞋帶的皮鞋在晚宴場合中顯得有點笨拙）。

襪子：襪子應和衣服相協調，因此，顏色多為藍色、黑色、灰色或棕色，襪子的長度應該以你蹺腿時不露出太多的脛骨為宜，在你移動雙腳時也不至於在腳踝部隆起。總之，彈性較好的裹及小腿處的襪子是你最好的選擇。

小飾品：你戴的手錶應該樸素大方，這意味著「米老鼠」手錶、運動型手錶以及廣告式樣的手錶都被排除在外。

在任何情況下，避免戴看似廉價的偽劣金色錶帶。

假如你要提手提箱，定會加強你的職業形象，皮箱效果最好，其他材料製成的手提箱的效果就差遠了。棕色和紫紅色是較好的選擇。箱子本身應該大方，有些很昂貴的品牌雖然能顯示你的身價，但往往只會削弱你所希望產生的效果。

棉布或亞麻手帕應該是每位求職者必備的一部分，純白是最佳顏色。在面試之前，求職者出現手心出汗的症狀是很常見的。因此，你準備的手帕也可以用來緩解這種症狀引起的後遺症，盡量避免狼狽的握手。

皮帶應該和你選擇的鞋子相匹配。因此，藍色、黑色或灰色西裝將需要黑皮帶和黑鞋子搭配，而棕色、棕褐色或者米色的西裝應配棕色的皮帶和鞋子。至於皮帶的材料則應堅持使用皮質的。

首飾：如果有的話，男士可以帶結婚戒指和一副小巧柔和的袖扣（如佩戴法國袖扣，當然可以）。除此之外，任何其他的首飾都不妥當。手鐲、項鍊或者紀念章都可能傳遞錯誤的資訊。

大衣：最安全以及最實用的顏色是米色和藍色，應堅持穿這兩種顏色的大衣。當然，如果你能不穿就盡量不要穿（穿時顯得累贅，脫下來顯得凌亂）。

化妝：在此不主張男士去面試時化妝或在其職涯的任何時間裡化妝。

十二、女性求職如何回答敏感問題

問題一：你認為家庭與事業間存在難以調和的矛盾嗎？

這是一個老問題，也是一個難題。招聘公司自然非常希望你以事業為重，但也希望你擁有一個幸福美滿的家庭。「後院不失火」，才會使人無後顧之憂，集中精力工作，才能發揮出你的聰明才幹。

顯然，直接回答事業與家庭之間存在難以調和的矛盾或根本不存在矛盾，都是不合適的。建議你這樣回答：「我以為無論在工作上還是在家庭中，女性的最大目標都是要使自己活得有價值。雖然我是一個很想透過工作來證實自己的能力、展現活著的意義的人，但誰能說那些相夫教子培養出大學生、博士生的農家婦女就活得沒有價值呢？」這樣回答，能恰到好處的展現出女性特有的剛柔相濟的特徵。

問題二：你如何看待晚婚、晚育？

別以為這個問題與工作沒有多大關聯。你對此的回答是否得體，可能會直接關係到你的應聘能否通過。招聘者之所以提出這個問題，是想知道你在工作與生育的關係問題上持一種什麼態度。女性求職為什麼普遍比較難？這就是癥結之一。為了工作晚結婚、晚生育，當然是用人公司所希望的，但如果真的這樣做了，恐怕也會令人產生疑惑：一個連孩子都可以不要的人，如果再有其他利益誘惑，會不會拋棄一切，包括她曾經為之自豪的工作呢？

「誰都希望魚和熊掌能夠兼得，當二者不能同時得到的時候，在一段時間內我會選擇工作，因為擁有一份好的工作，將來培養孩子就會有更為堅實的經濟基礎，我想總會有合適的時候讓我二者兼得」。這樣回答，或許真的能提醒上司在你生孩子休息時仍把原來的位置給你留著，而不讓別人取而代之。

問題三：面對上司的非分之想，你會怎麼辦？

招聘女祕書，往往會問及這類話題。回答此類問題，最好委婉一些：

「你們提出這個問題，我非常感激，這說明貴公司的高層主管都是光明磊落的人。不瞞諸位說，我曾在一家公司做過一段時間，就是因為老闆起了非分之念，我才憤而辭職的，而在當初他們招聘時恰恰沒問到這個問題。兩相比較，假若我能應聘進貴公司，就沒有理由不去為事業殫精竭慮。」這位女士的應答就堪稱精妙，妙就妙在沒有直接回答「該怎麼辦」，因為那是建立在上司「有」非分之想的基礎之上的。而是透過一個事例來表明自己態度的堅決，又沒讓問話者難堪。即使新老闆確有投石問路之意，日後也不會輕舉妄動了。

問題四：你喜歡出差嗎？

考官提出這個問題，並不是真的想知道你喜不喜歡出差，工作需要時，你不喜歡出差也得出，考官的目的是想透過此問了解你的家人或者你的戀人對你的工作持何種態度。不少剛工作的年輕女性面對這一問題可能會馬上回答：「我現在年輕，在家裡坐不住，特喜歡出差，一方面為公司做事，另一方面又可以領略到美妙的自然風光。」而有一位女士是這樣回答的：「只要公司需要出差，我會義無反顧。這兩年因忙於求學和謀職，幾乎沒出過遠門，儘管家人不反對，男友也想陪我出去轉轉，但終未成行。出差很可能會成為我今後工作的一部分，這一點在我來應聘前，家人早就告訴我了。」兩種回答都展現了不錯的口才，但第一種回答在表達效果上要差一些，出差順便逛逛風景名勝本在情理之中，可這樣一表白，難免會讓人對你產生將出差與遊覽主次顛倒的感覺；第二種回答妙在那位女士深知考官提問的目的，回答切中了要害。

十三、面試細節之握手

在明白了面試前三分鐘定乾坤的道理之後，大家一定想在禮儀方面有所改進。握手作為面試禮儀中的重頭戲，有著舉「手」輕重的地位。

面試時，握手是很重要的一種身體語言。外商把握手作為衡量一個人是否專業、自信、有見識的重要依據。堅定自信的握手能給招聘經理帶來好感，讓他認同你是懂得行規、禮儀的圈內一分子。

怎樣握手才能到位？握多長時間才算恰如其分？這些都非常關鍵。因為手與手的禮貌接觸是建立第一印象的重要開始，所以，你一定要使你的握手有感染力。如何才能使握手達到良好的效果呢？以下將就一些盲點來和大家討論一下。

(一) 男女平等：誰先伸手

一般說來「先下手為強」，女士、年長者和職位高者應該先伸手。但在有些國家，有些女士不懂這些禮儀，看到對方很不順眼就故意矜持的拒不伸手，這是很不專業的表現。

當你碰到年輕女招聘經理，你該怎麼辦？按照國際商務禮儀規範，男女應該同時伸手。如果對方不主動伸手，你可以主動出擊，對方出於禮尚往來的考慮，也會伸出手回應你，但這裡要注意出手的時機，要把握好這個「寸勁」。有些同學對此沒把握，沒感覺，可以在招聘會時多和外商經理交談握手。要注意別太早伸手或者在不恰當的時候伸手。比如招聘經理埋頭填寫上一個人的評語時你就伸出手，或者雙方相隔八丈遠，你就像國家官員等待外國使節遞交國書似的虛手以待，顯然都不合時宜。

總而言之，掌握好伸手時機需要透過練習，你不妨多參加招聘會，多與招聘公司的人員做握手練習，在失敗和不恰當的握手中體會如何握手才是得體、恰如其分的。

(二) 蜻蜓點水：不要太溫柔

男女授受不親的時代已經過去，那些仍然矜持得「笑不露齒」的女性在握手時通常都是輕拂而過，如鵝毛般輕盈，這不是國際商務禮儀所宣導的。雖然不必提肩墊腳以表示你使出吃奶的力量在握手，但是無論男女，在握手時都應該本著「堅定有力」的宗旨，用心去和對方握手。這樣方顯自信、誠懇的本色。

(三) 東張西望：我的眼裡沒有你

在大型聚會中，有些人的通病是一邊握手一邊尋覓，東張西望的尋找大人物現身的地方。大人物身影一露，立即甩手直奔「主題」而去。這既是對正在握手夥伴的不敬，也反映了自身的不專業作風。一般來講，「勢利小人」、典型官僚握手時才會不注視著對方而去左顧右盼。

握手是雙方互動交流的開始，眼睛要注視著對方，沒有眼神交流的握手缺乏誠意，不能得到對方的認同，更別提好感了。

十四、面試中如何談「薪」論價

在寶貴的面試機會中談薪資是一種浪費，某種意義上就是給別人一個拒絕你的理由，所以我們不主張在面試時和老闆談薪水。但在有些面試中，即使你一再避免談薪水，有些面試官還是會要求你正面回答這些問題。這個時候如果你一再推脫恐怕就要讓自己顯得軟弱了。這個時候，不能乘匹夫之勇亂答一氣，否則就要吃大虧。要有準備，要有策略。

和以往工作的薪水做參考。如果你以前有工作經歷，那麼很好。在以前的工作薪水的基礎上，很容易給面試公司一個比較明確的答案。所謂「人往高處走」我以前拿三萬一個月，到你這不能一下少太多了吧？當然，前提是你所有的技能、經驗值和職位需求有較高的契合度。如果你有ABC 三種能力，而工作實際只要你有 A 就行了，那麼老闆肯定不會出錢購買 BC 的。你以往的薪資基本上是市場對你的價格反映，雖然不一定客觀，但是如果老闆開的薪資不能和你以往的薪資拉開等級，說明你的職業價值肯定出了問題。

把價值放到行業發展的趨勢去考慮職場中、行業中，和你專業點相關的職位冷熱情況如何？留意一下你周圍同行業的同事，朋友，他們能拿多少的薪水？嘗試著在個體情況中取他們間的一個平均值來考慮你的期望薪資。可以透過多留意報紙新聞上的和你行業有關的報導，了解行業動態和發展趨勢，行業經濟大環境和產品變化肯定會影響自己的收入水準；可以透過行業人際關係圈接觸不同的人，獲得零散的具體的職位薪資資訊；當然如果可以的話，在和一些並不太中意的公司的面試中獲得「老闆心態」也是好辦法。綜合資訊之後得出自己的基本價值，做到心中有數，就像有個墊背讓你依靠而談錢有條不紊。

談薪水的時候不要拘泥於薪資本身

一定要在薪資博弈過程中一再強調薪水和你應聘職位的關係。讓在老闆腦中反覆刺激：薪資是重要的，但你更在乎的是職位的本身，你喜歡的是這份工作的內容和挑戰；同時，後顧無憂的待遇將更能讓你在職業安全條件下發揮績效，為公司帶來更大效益。辯證得令人心服口服。就這樣把薪水的問題引導到另一個高度，展現了自己對工作的誠意，還不失對個人合法取得利益的權力的保留。

在面試中談薪水，是不能為而為之。既然談了，就要談好。把握適度合理的原則，你最終會找到一份適合自己的好工作。

十五、面試結束後應該做的事

走出面試房間就算完成任務了麼？其實，面試結束，禮儀未完……

「我們還要進一步考慮你和其他候選人的情況，如果有進一步的消息，我們會及時通知你。」這幾乎是跨國公司招聘人員的標準面試結束語。對此，許多人認為，禮貌性的說上一句「謝謝」就足夠了，反正走出面試房間也就算完成了任務。其實，面試結束，禮儀未完。在翹首等待錄取通知的同時，你還要再花些心思。想加深招聘人員對你的印象嗎？那麼現在就教你兩招。

(一) 招式一電話致謝

在面試後的兩天內，你最好給招聘人員打個電話表示謝意。感謝電話要簡短，最好不要超過三分鐘，電話裡不要專門詢問面試結果。

何時打電話？

打致謝電話的最佳時機在正常工作日內，但切忌在工作繁忙時間、休息時間和生理疲憊時間致電。工作繁忙時間是指週一上午和週五下午，因為週一早上是新的一週的開始，職場人往往還處於適應期，而且有些公司還會選擇此時段召開一週週會；而在週五下午，由於臨近週末，許多人已無心處理工作。休息時間是指工作日的中午一小時左右的時間。生理疲憊時間是指每天下班前的一個小時左右。

如何開口說？

接通電話後，你首先要說一句「你好！」然後要告知資訊，內容包括自己的姓名、何時去面試的、應聘的職位是什麼等等。通話時，你最好用手拿好話筒，切忌將話筒夾在脖子下、抱著電話機隨意走動、高架雙腿與人通話。此外，也注意不要邊吃東西邊打電話。通話時要注意控制音量，話筒和嘴之間保持三公分左右的距離。通話終止時，要等待對方先掛電話。

(二) 招式二信函致謝

・如何選擇？

面試感謝信有電子郵件和書面信之分。如果平時是透過電子郵件的方式與招聘公司取得聯繫的話，那在面試結束後，適宜發一封電子感謝信。如果你面試的公司非常傳統，那最好還是選擇書面感謝信的形式。書面感謝信最好選用 A4 紙，內容簡潔，以一頁紙為宜。

・如何書寫？

你可以選擇列印或手寫的方式，前者較為標準化，給人以你熟悉商業環境和營運模式的感覺，但其弊端是千篇一律，後者則容易引人關注。手寫感謝信應使用黑色的簽字筆，字跡要正規、容易辨認。感謝信必須是寫給某具體負責人的，而不應該寫「部門經理」這樣模糊的收信人。在行文上，感謝信的開頭也應提到你的姓名及簡單情況，並對面試官表示感謝。中間部分要重申你對該公司、職位的興趣，也可以增加一些對求職成功有益的新內容。結尾處則要表示出你對得到這份工作的迫切心情以及你為公司的發展壯大作貢獻的決心。

致謝電話範例

求職人：你好！請問王經理在嗎？

招聘人員：我就是。哪位？

求職人：你好，王經理，我是 × 月 × 日上午到貴公司面試銷售經理職位的。非常感謝你給我這次面試機會，給你添麻煩了。我也真誠希望以後能有更多的機會向你請教。王經理，我就不再耽誤你的寶貴時間了，再次感謝！再見！

致謝信函範例

尊敬的王經理：

你好！我是 × 月 × 日上午前去面試銷售經理職位的。很高興認識你，與你談話是一段很愉快的經歷。非常感謝你給我這次面試機會。從這次面試中，我更加深刻的了解到了貴公司的企業文化、管理特點等。

誠如我在面試中提到的，我的學業成績、專業知識、實習經歷能幫助我在貴公司獲得長足發展。我十分欣賞貴公司的企業文化、管理方式，我相信自己能在學習中取得更大的進步。

真誠希望能有機會和你共同工作，期待能為公司的發展貢獻一份力量。

再次感謝！

× 年 × 月 × 日

第四章
新手上路，三思而後行

一、如何應對畢業求職「第一坎」

時下正是公司招聘的高峰時段，也正是應屆大學畢業生們初闖職場的黃金時間。然而，在人才市場現狀中，工作經驗成了剛出校門的大學生的求職「第一坎」。從人才招聘的資料統計情況來看，推出的職位中，有不少要求一至三年工作經驗。在人才市場裡也經常會聽到大學生們抱怨：「都要求有工作經驗，門都不能進，哪裡來工作經驗？」然而事實果真如此嗎？

求職定位要準確。事實上，很多企公司在整體人力資源配置和人才結構層次上，都提供了相當多的職位給我們的應屆大學生們，這些職位大多數以底層一線為主，正如一位資深入力資源分析師所說：「我們不是不相信剛畢業的大學生，不是不委以重任，作為企業是想透過對他們進行比較系統的培養和鍛鍊，讓他們從基層做起，這樣就會對企業的工作流程、企業狀況以及文化、價值觀等有個了解，他們正是企業的未來。」筆者在人才市場中也看到，有些大學生只盯著「科長、部長、主管、經理」職位，對於基層工作不屑一顧。「對於連一份工作企畫都不知道如何寫的人，你想企業能放心讓他去做主管等比較全面的工作嗎？我們需要的是能夠腳踏實地，專業能力強，綜合素養好的職員。一個連小事都做不好的人，又怎能成就大事呢？」人力資源官繼續說道。

調整心態很重要。沒有工作經驗不要緊，要緊的是如何突破這個壁壘。某大學畢業的小周，將近一年的時間裡，一直穿梭於幾個人才市場，他曾對筆者說：「我就是要找一份管理類的職位或者總經理助理的職位，只要給我一個機會，我會做得很好的。」小周都成人才市場的熟客了，可就是沒遇到這樣的「機會」。類似小周這種情況，在未就業大學生中還占有很大一部分。人才市場職業顧問提醒，像小周這種現象，如果不做及時調整，將會影響到個人未來職業發展。

與此相反的一個例子，今年剛從大學畢業的小陳，不到一個月的時間，就得到了三次面試機會。問起祕訣，其父陳先生說：「兒子理工科畢業，在學校成績等各方面都很優秀，他也一直想到大企業好公司去，可是人家認為他沒經驗，不要他。我們先找一家公司，不要求待遇多少，職位怎麼樣，先做一年半載，還怕沒經驗沒能力嗎？」所以，人在職場，退一步海闊天空。

應屆畢業生應該調整好自己的心態，做好職業規劃，從零開始，實實在在，一步一個臺階，實現持續發展。

二、記住五點：應屆畢業生就業並不難

在如此嚴峻的就業環境下，初出茅廬的應屆大學畢業生想要輕而易舉實現就業並不容易。筆者針對應屆大學畢業生求職問題採訪了部分人力資源工作者，總結出五點，只要應屆畢業大學生能突破，實現就業不會有太大問題。

突破點一：細節決定成敗

隨著社會的縱深發展，企業對人才的考察已非停留在科系、技能、經驗的需求，同時考慮人才的性格、合群、創新能力，注重細微功夫。可有些求職者不能真正領會「勿以惡小而為之，勿以善小而不為」的古訓，導致求職敗北。某電子公司的王元元在接受採訪時說：「員工接聽電話時，如果講話不小心，就有可能丟掉客戶。」而類似的現象，在企業發展中屢見不鮮。為減少企業管理的失敗成本，選擇人才時注意細節考查，當然順

理成章了。

突破點二：突出自己的優勢

應屆生與社會人士相比，自有其不足之處，但未必所有環節都居人之下。如果在求職過程中能將自己的性格特徵、專業優勢、鮮明亮點表現出來，或許能讓用人公司耳目一新，「萬花叢中一點紅」，被錄用的可能性就會增加。卓越典範企管顧問公司在談到自己的招聘經驗時說：「相當多的應屆生，因不擅總結自己的優點、不能發現自己的長處，導致求職失敗者比比皆是。」相關資料統計表明，應屆生因為不能突出自己的優勢特長而失敗的比率超過百分之七十七，不能不說是個沉痛的教訓。

突破點三：樂意從基層做起

許多從事人力資源管理工作的 HR 表示，他們的企業不是不需要招聘應屆大學畢業生，一直希望透過輸入新鮮血液的方式改變後備人才不足的困境，可因招聘到的絕大多數應屆大學畢業生不願到基層接受必須的鍛鍊，使得企業在百般無奈之下忍痛割愛，找些學歷、悟性並不如應屆大學畢業生的國高中生做學徒或培訓幹部。萬丈高樓平地起。如果應屆大學畢業生不願到基層接受鍛鍊，會有哪家企業敢冒風險，將專案交給一個幾乎沒有駕馭風險能力的新手呢？如果應屆生要想成為企業的核心，在社會這所大學中，還需到基層去磨練。

突破點四：擁有感恩的心

企業使用應屆生是需付出一定代價的。可有些應屆大學畢業生進入企業後，往往因為一些瑣事鬧彆扭，甚至與企業分道揚鑣，簽訂的勞動合約就如一張白紙。為人得講誠信，可現在有些大學生，似乎視誠信如糞土。

沒有上班之前信誓旦旦，而上班之後往往心猿意馬。沒有將心思用在企業裡，更多關注哪裡會有更適合自己發展的地方，時刻準備跳槽。某企業的老闆陸先生說：「不要埋怨我們不聘用應屆生，而是對他們的心態抱懷疑態度。如果擁有一顆感恩的心，真正和企業生死與共，在日趨激烈的社會環境中，難道我們有人才不要嗎？」

突破點五：自信創造奇蹟

自信是創造奇蹟的靈丹妙藥。可一些應屆生在求職時，往往因為自己缺乏實際操作經驗就無法在所應聘的工作職位前表現十足的信心，導致企業不得不拒之門外。但有一點想告訴涉世不深的求職朋友，企業一旦確定招聘沒有社會經驗的應屆生，就已在其培訓計畫與資源配置方面做了相對的安排。「萬事俱備，只欠雄心。用你的信心去征服即可！」HR 經理何靜波如是說。

三、四種態度容易找到理想工作

職業就像我們生活的臺階，我們需要在不同的時段站在不同的位置和高度，開闊眼界，豐富自身。它已經不是畢業時的一錘定音，也不是煩悶難耐時的頻頻跳槽，它需要終生的計畫。

職涯計畫最重要的準備就是充分了解潛在的真實自我，首先要從自己的性格、天賦到興趣進行全面分析，才能找到最有可能獲得成功的領域，接下來就需要充分把握現有的求職系統，避開盲點，繞過雷區，直奔目標，一招中的。

職業多數情況下是一種無法逃避的選擇，而職涯企劃則是一種建築在現實，理想和夢想之上的管理藝術。

找到夢想工作所需的四種態度

夢想的工作和夢想的職業這兩個概念在今天的文化中正在成為不可能的事情，在美國和世界上大多數國家的許多地方，人們都認為不管擁有何種工作，都是一種很幸運的事情。

但是夢想的工作仍然存在，只有憑藉運氣或者堅持不懈的研究才能獲得。就在合適的地方有合適的工作，併合你喜歡的技能和興趣。

如果你要求的理想工作是恆久穩定，可以讓你「靠槳休息」，有可靠的保障，可以如願以償的升遷提薪，那麼在世界上找到這種讓你快活工作的可能性就不是很大。

哪些態度能幫助人們找到夢想的工作？有以下四種態度：

(一) 把得到的每份工作都看做臨時性的。

百分之九十的勞動力都不是獨立經營，(至少在美國) 因此，你很可能最終會為別人工作。那份工作持續多長時間由他們決定，而不是由你說了算。只要他們願意，你的工作隨時可能中止，而且事先沒有任何預警。這在某種程度上是事實，而現在比任何時候更是如此。這取決於目前職業市場的本質。

因此，找工作時，必須告訴自己，「我正在找的工作本質上是一份臨時工作，能持續多長時間我並不知道。所以，這絕不是我最後一次求職。我得隨時做好重新求職的心理準備。」

對於你夢想的工作，要帶著感激的態度珍惜它。它也許不能持久，但是擁有它的時候，必須品味它，享受它。

(二) 把找到的每份工作都看做是一個學習的機會。

從本質上看，你今天找到的每份工作幾乎都在不停的運動和變化著，其速度之快，令你不得不把現在正在尋找的工作看成是自己學習鍛鍊的一次經歷，看成是學習班的入學登記。

如果你想把它當成夢想的工作，必須喜歡學習新的任務和工作流程，而且在應聘時還要對每一個可能成為你雇主的人強調，你是多麼熱衷於學習新的知識和技術，而且你學得很快。

(三) 把找到的每份工作都看作一次冒險。

我們大多數人都喜愛冒險。一次冒險意味著有一系列不可預測的神祕事件。那就是今天的工作！權力……欲望……錯誤抉擇……奇怪的聯盟……背叛……報答……等等劇情一一出場。突然，無人能事先預知的變故展現在你的眼前。

如果你把它看作夢想的工作，那麼就滿懷熱情去面對那些無法預測的事，心懷激動而不是恐懼。

(四) 必須明白，你找到的每份職業的樂趣和滿足感都

必須在於工作本身。

無論在求職時對將要從事的工作做了多麼深入仔細的研究，可能最終只能在一個沒有慧眼識英才的老闆那裡找到工作，老闆看不到你的卓越貢獻，令你有一種不被喜愛和賞識的失落感。

由此可見，如果這是你夢想的工作，就必須是一份能讓你從工作中找到滿足感的工作。

四、大學生求職如何走個性化之路

擁擠的求職人群中時不時出現即將畢業的大學生身影，但綜合性招聘會上適合他們的職位卻不多，大多數企業攬才對象都是有工作經驗的成熟人才。一些負責招聘的人士認為，「即使招大學生，我們也要個性突出的那一類。跟隨多數、個性平庸者，不是我們的理想人選。」

那麼，在求職中怎樣才能展現個性呢？以下幾點可供大學生借鑒。

(一) 跑市場不「成群結隊」，不「雙棲雙歸」

在才市現場發現，大學生很熱衷「結伴求職」。不是出雙入對的情侶，就是成群結隊的室友或同鄉。在近日舉行的某人才大型招聘會上，記者看到很多大學生情侶毫不忌諱的拉著手在招聘攤位前，你陪我挑職位，我陪你投履歷。除情侶外，還有很多是同一寢室的同學，投的往往都是同一家公司。父母隨兒女求職的鏡頭更是俯拾皆是。

結伴求職、情侶求職使大學生在求職中的勝算大打折扣。某公司人事部經理李先生說，找工作並不是適合群體的活動。首先，同一學校、同一專業的同學成堆，人為加劇競爭態勢，造成無謂「內耗」。其次，情侶結伴找工作，企業不喜歡，當事人也易受牽制。有一位女孩看中了該公司一個職位，雙方談得很好，但男友卻認為待遇不夠高，地點比較遠，怕女友吃苦。女孩最後放棄了機會。此外，家長陪同求職也不一定是好事，由於他們對就業形勢不了解，往往出的主意或提的建議不是很符合市場需要，反而影響孩子就業。

用人公司表示，如今人才市場中資訊多而雜，需要學生按自己的實際情況，獨立思考。和人結伴同行，易讓用人公司產生此人「性格不獨立，依賴性強」的印象，從而導致對其能力的懷疑。求職是走向社會的第一步，應該勇敢的邁出去，縮手縮腳怎麼能給人留下良好的第一印象呢？

(二) 交談不「盛氣凌人」，不「舉止猥瑣」

大學生如何用個性化態度和用人公司交流？有的大學生想當然的認為，只有「擺酷」才能凸顯個性，於是談吐張揚甚至盛氣凌人。殊不知這樣反而暴露了自己的幼稚及修養的欠缺。也有的大學生一看面試官就怯場、心虛，因此不免顯得舉止怪異，難討招聘人員喜歡。

真正「個性化」的面試態度，是用落落大方的舉止、衣著、談吐，實實在在的展現自己的內在「個性」。下面幾條是需要把握的：

- 著裝吻合自身氣質。
- 舉止切忌緊張與慌張。
- 自我介紹重點突出。
- 肢體語言表現自身風貌。

(三) 看招聘資訊不「望文生義」，不「一知半解」

解讀招聘廣告是求職的重要環節。如今，「個性化」招聘廣告也層出不窮，有的頭銜很新，如「環境督察員」、「色彩顧問」等；還有的是職位描述十分獨特。有大學生對職位一知半解，甚至還在「一知半解」就急忙上前應聘，結果只能是失敗。

在一次人才招聘會上，一家廣告公司的招聘廣告上寫著：「我們需要的是獨特個性，但需要正常人的思維！」不少大學生一擁而上，紛紛向企業傾訴自己在生活中是如何特立獨行的，如大冬天洗冷水澡，在鬧市看書等等，五花八門無奇不有。這家企業的招聘者告訴記者，「他們的表達都脫離了廣告公司的職位特點，我們要的不是生活中的怪人，而是有著獨特創意、思維活躍的人。他們應該突出的是這一方面。」

還有的學生，學的是美術，看見「色彩顧問」職位就衝上去投履歷。事實上，這一職位除了需要對色彩了解外，還要有對服裝、時尚潮流的認知。看不懂「個性化」招聘廣告，如何做到個性化的求職呢？

(四) 送履歷不「眾人一面」，不「千人一照」

求職過程中，履歷就像人的「面子」一樣，達到舉足輕重的作用。有的大學生「一份履歷走天下」，不論職位不看行業，統統是網路下載的標準履歷格式外加一張標準照。這樣的履歷「批發」，效果自然不如個性化「零售」策略。

個性化履歷首先需量體裁衣，針對不同企業、職位撰寫履歷，對症下藥，投其所好。每一份履歷只適用於一個公司或者一個職位，根據職位的要求取捨素材，確定重點。針對職位突出自己的優勢，淡化不足，在內容的分布順序上可以突破時間上的倒敘等常規，要先重後輕，突出你與別的競爭者的不同，重要內容可加黑突出關鍵字等。

其次在履歷形式上做文章，突出個性化色彩。比如藝術系畢業生應聘創意類職位，便將履歷做成了一本小冊子，裡面有從小學到大學的簡介，有目錄，有藝術作品，非常適合職位要求，也讓用人公司「眼前一亮」。

五、名校學生求職難深層原因

「高分低能」這個說法，我們聽得太多了，說得太多了。但是，大家通常都是說一套，做一套。一邊評論都市衛生環境差，一邊就隨手扔掉了手中的塑膠袋。同樣的，很多人昨天大罵應試教育，今天卻在討論哪種認證更值錢。

通過考試，獲得文憑，意味著什麼？下面給大家看一個比較典型的例子。

系統專家

X 君最初的工作任務是設計製作公司的官方網站。對於「能熟練使用 Photoshop、Dreamweaver 等軟體」的 X 君，這不是一件複雜的工作。但是，要求他在一週之內交上來的網站建設企劃，直等了一個月，才收到一張 A4 紙。上面大概寫了二十行。至於具體內容，只能說 X 君確實動腦筋想過了。但是，他想到的東西實在太少了。如果他想不到，能做到也行。我們還可以找其他人來企劃，他負責執行。但是一週之後，他交來的網站首頁模板，又讓所有的人大失所望。網站是做成了一個網頁。但是不論怎麼看，都看不出這個網站的公司是做什麼業務的。美感方面，就更不用說了，簡陋之極，不堪入目。

於是我們開始懷疑自己是不是沒有給他安排合適的工作任務。正好公司當時在清理設備，於是，查驗並記錄各電腦的配置，這個工作就交給了 X 君。

X 君拿著登記表就開始做了。不到一小時左右就辦好了。記錄表拿來一看，卻讓人目瞪口呆。CPU 只寫了品牌，沒有寫型號；記憶體只有容量，沒有數量；主機板一律沒有記錄；顯示卡只有晶片型號，沒有顯示卡的記憶體容量……這樣的清單有什麼用？

經理說，做網站不行，做網路維護、技術支援也不行，那就讓他去做編輯。基礎英語水準，編輯一些國外的資訊應該沒有問題吧？試試吧，因為，在大學裡面基礎英語本來是一種能力測試，而實際上卻已經被報考者們自己變成了考驗臨時記憶力的測試。一個很常見的表現，就是說起英語過級考試，大家就會提起單字量。

結果，X 君遇到了大麻煩。因為對雜誌所專用的電腦技術、電腦遊戲不熟悉，很多「專業術語」在 X 君的眼裡，簡直就是「天書」！什麼 RPG、SLG、ARPG，這些專有名詞根本就別想在什麼英漢詞典上查到。遇上比較新的口語，那就更是一頭霧水。

X 君在編輯部坐了一週，沒有編譯出一篇稿件，只好幫著做了一點文字校對。

恰好老司機辭職了。經理於是推薦 X 君去給老闆開車。小夥子長得標緻，跟著老闆跑路倒是不錯。於是那天，X 君穿得規規矩矩的跟著經理出去……半小時不到就回來了，坐回編輯部，一臉的尷尬。

原來 X 君那天去開車，一發動就出了錯。把老司機嚇得直冒冷汗，說是好在煞車了，，不然汽車當時就會「飛」出去，直撞上對面的牆……

「他拿到那麼多文憑，應該是很擅長學習吧？給他點時間，學習學習如何？也許還有很大的潛力。」經理說。但是，X 君的學習熱情完全不在工作業務方面，他稍有閒暇就在背單字，或許是準備考研究所究生。

最後，X 君只好離開了公司。

要文憑，更要能力！其實，X 君只是「拿文憑找飯碗」思想的受害者之一。每年，都有無數個 X 君在各地碰壁。

有一位名校電子專業的同學，剛開始工作就被安排出去布線。他認定自己應該坐在辦公室裡面做設計，結果上班第一天，打開一個線盒，才發現裡面的東西他完全看不懂！

某市舉行商務小姐大賽。當地數十所大專院校的校花才女競相登場，結果卻大爆冷門。來自「美女如雲，人才濟濟」的外語學院、師範學院的參賽者均被擊敗，最後奪得桂冠的居然來自農業大學！

當然，拿著一大把文憑、證書，卻找不到工作，畢業就失業是最普遍的。

文憑到底給我們帶來什麼？我想其實只是一個「合格證」。它也許能幫助你跨過企業招聘的門檻，卻不能給你帶來豐厚的收入、良好的待遇和廣闊的發展前景。這些東西，都必須靠能力去爭取。

要說道理，大家都懂。但事實就是沒有幾個人按照這個道理去做。一方面自己深受應試教育之害，另一方面，卻依然堅定不移的順著這條路走下去。走進社會，就期望能依靠文憑給自己找到應有的一切，發現不順利之後，不是努力提高能力，而是盲目追求更高的學歷，就好像X君努力考研究所一樣。這條路，我們要走到何時才是個頭呢？

反思：我們在學校裡每天都準備著考各種「認證」，每天準備著各項考試，壓的我們透不過氣來。但當工作時，很多同學反應，所學的文化知識和實際應用差距很大。那我們的那些證書究竟有什麼用？我們的能力應怎樣提升來適應以後的就業。文憑到底給我們帶來什麼？我們沒有能力，誰負責？

六、畢業生進補求職技巧助應聘成功

秋天到了，也意味著另一種屬於大四學生的季節開始在校園中「蠢蠢欲動」，不言而喻，這個「季節」正是招聘季節。如何熬過嚴冬那就要看秋天裡的進補情況如何了，一些人身體羸弱卻盲目自信，認為不用進補應聘、面試知識也能在寒冬中傲然挺立；一些人因懼怕冬天而在秋初就十全大補，不僅沒有強身健體反而造成「虛胖、浮腫」；而更多的人缺乏對自己體質的清晰診斷，不知哪味補藥適合自己，無法自我解決，那就求助於醫師，開出一味恰到好處的「秋補」處方，以從容應對即將到來的考驗。

(一) 症狀

茫然無措顧此失彼

知己知彼方能百戰百勝，在校園招聘開始之前，總有些應屆畢業生故作清高偏安一隅，不屑於摻和進來，等到真正開始後才發現自己已被現實所「遺棄」；亦有人誠惶誠恐，將之視為首要事件，然而面對各式補品，卻不知該如何享用，眼睜睜看著逐漸被別人所瓜分蠶食，再出手時便為時已晚。

病例：大四學生劉潔說她現在的狀態很尷尬，她不喜歡自己的科系，稱大學三年都是抱著「六十分萬歲的心態」如履薄冰走過來的，但是卻又不能確定自己到底想從事什麼職業，對於即將到來的校園招聘會，劉潔有點手足無措。

和劉潔不同，大四學生夏筱青很明白自己要做什麼，從大三暑假開始她就在電視臺實習，並把成為一個好記者作為自己的職業目標，但讓她覺得很難協調的是實習和工作的關係。儘管實習公司並沒有明確表示是否會留下她，她仍然不想放棄這個可能性和一次鍛鍊的機會。而選擇實習難免就要對找工作有所影響，不能全力著手準備應聘甚至會錯過校園招聘會的機會。

(二) 專家會診

・入校時就應該開始考慮職業發展

從學生個人的整體職業規劃上來看，入校時就應該開始考慮職業發展的問題，大一主要是適應大學生活和學習；大二則是對自己理想職業目標的職業環境有所了解；大三開始利用暑假進行實習；大四則主要是提升求職技能，如履歷製作、面試技巧等。然而像劉潔一樣，很多同學還不清楚自己今後的發展方向，往往是沒有目標大量投履歷，這樣會造成在求職上的被動，以及致使求職成功率大大降低。

・實習和找工作不應該形成衝突

實習和找工作不應該形成衝突，在實習的同時可以著手準備履歷，履歷並不需要多豐富，只要能夠陳述清晰、表明自己的經歷、能力和求職意向就可以了，並不會耗費多少時間和精力。之後就可以進行人力資源網站註冊了，在網路投遞履歷找工作也可以取代傳統的校園招聘，特別是像夏筱青這樣求職目標明確的同學進行網投是較有優勢的。但要注意的是，如果實習工作確定了不能留下來，那麼就應盡早回到校園中來準備找工作，否則就會兩手落空。

(三) 偏方

學生在參加現場招聘會時要注意不能因為人多，將履歷放在展臺上就一走了之了。如果是特別心儀的企業，應該想盡辦法擠進去，在遞交履歷的同時，與面試官有一個簡短的交流，讓對方留下印象。招聘結束後，可以打電話到該公司人力資源部詢問，上次是否收到履歷，何時能有結果。主動出擊往往會帶來意想不到的效果。

(四) 進補方略

處方一：看準定位擺脫焦慮

燥勝則乾，乾燥是秋季的主要特點。秋燥最易傷肺。秋季屬金，肺在五行中也屬金，故秋季肺氣最旺，又因金剋木，肝屬木，故肝氣較弱，所以秋季進補應重在養肺補肝。燥者則需潤之。

某大學數學系的田同學稱自己處於一個準焦躁期，面對眾多的企業招聘資訊不知如何選取，早在一些知名企業要實習生時他就採取了大量投履歷的策略，有公司招聘便發電子履歷過去，然而一段時間下來卻毫無回音，日積月累便覺焦慮不安。

大量投履歷是在學生中很常見的現象，不知道自己適合從事什麼職業所以統統試一把。而若是一直沒有得到企業的回饋資訊或者屢屢被拒，則容易產生焦慮、憂鬱的心理。這種情況下，最重要的是要有對自己的一個準確的定位，列出自己曾經做成功的事情，找到共同點，分析自己之所以能成功的原因從而發現能力所在，再來確定適合從事哪種職業。

此外，也可以進行專業的職業測評、諮詢專家意見，對自己有一個相對科學的認識。之後再從海量招聘資訊中找到自己所適合的行業和職位，有的放矢，提高成功的可能性。

處方二：製作履歷一張 A4 紙足夠

世上凡事皆有度，任何進補量過多都會有害於身體。腸胃是人體之本，進補的根本目的是讓人體攝取營養，從而達到調補氣血、補益健康之效。過量進補造成脾胃不和、氣血不通，有害無益。

目前在大學生求職中履歷日益厚實、花俏，有的學生甚至貼上了自己的藝術照、裝幀精美，從經濟到精力上都花費頗多。對外經貿大學市場行銷專業大四學生薇薇告訴記者，為了應聘不同的行業、職位，身邊很多同學都花了不少心思準備了好幾份不同版本的履歷，從製作到列印、影印確實是一筆不小的開支。但是到底什麼樣的履歷才能具有吸引力，在其他履歷中脫穎而出，其實大家並不是很清楚。

其實，企業在選取履歷時，其實有一張 A4 影印紙就足夠了，列上基本資料、聯繫方式，將專業課程、實踐經歷、求職意向表述清楚就足夠了。很多同學把履歷裝幀得十分精美，附上各種獲獎證明和詳盡的實踐說明，其實完全沒有必要，企業透過篩選履歷並不是看裝幀，而是看你的實際內容，是否把企業所需要的資訊陳述清楚了。

七、大學四年如何做職業規劃

(一) 你的職業旅途

你正在自己的職業旅途上孤獨跋涉嗎？只為了通往你夢中的理想工作。就像一切充滿新奇體驗的冒險之旅，你心中的職業旅途當然要有一個明確要到達的目的的。只有你非常明確了自己的興趣與優勢所在，才能找到與自己天賦和個性最為相符的行業，公司乃至職位。

你目前的當務之急應該是為自己的職涯做出最好的選擇和決策。但是你也要考慮到一點，你的夢想和興趣也會隨著時間推移而有所改變。隨著整個職場風起雲湧而迅速變化的個人環境以及個人偏好，將需要你為自己的職涯以及其他相關人生規劃作出一系列選擇。

自我評估要求對自己進行嚴肅深刻的觀察，並且要對自己的優勢與劣勢做出客觀誠實的衡量。這是很多人在面臨職業選擇時最為棘手，但同時也是最為重要的一個部分。

・ 了解你的可選項

對不同職業領域的熟悉，以及對不同工作的職責和所需技術的了解，將有助於你做出職業選擇，使你找到那些和你的興趣，個人素養最為相容的工作。

・ 了解整個職場

你對整個行業以及趨勢了解得越多，你就會對雇主需要什麼樣的人了解得更多，從而便於你權衡自己的決策，使你可以對自己進行有效的行銷，順利進入職場並且獲得整個職涯的成功。

(二) 象牙塔生活的四年規劃

第一年：新手上路，發現自己

我是誰？

我的長項是什麼？

我最適合做什麼？

我選擇的專業適合我嗎？

當你剛剛開始你的大學生活時，你對自己以後要做什麼不清楚是很正常的。把握你的時間去學習關於你的專業能力，人格形成，生活方式以及價值觀的一切事物吧。這些資訊將說明你重新衡量你所選擇的專業並且為你打開一個充滿了無限機遇和可能的職業旅途！

透過各種學生組織、體育比賽等等課外活動來發展和完善自己的興趣與愛好。

涉足了解學校就業指導中心等相似機構所能提供的關於職業的資訊，對不同的職業有一定認識。

和你的家人、朋友、導師等討論你的職業興趣，當然也可以是其他能夠給你建議的其他人，尤其是那些已經在工作的人。

接受專業的個人定位測試，從而加深對自己的了解，明確你自己想要加強的競爭力。同時，努力學習，努力得到盡可能高的分數。

第二年：拓展你的職業地平線

我已經了解了我的專業，可是學習這個專業我能做什麼呢？

學習這個專業我將有怎樣的職業發展呢？

擁有了這個學位對我將意味著什麼？

繼續發現和收集你歡愉職業發展領域的資訊。最好的資源就是那些已經工作的並且對你的職業規劃有興趣的人。暑期兼職、實習以及一些志願者活動都會使你得到最直覺的資訊。

繼續拓展你在職業選擇方面的知識，將所有你感興趣的職位和行業做一個列表。

透過各種管道學習更多的關於職場的資訊。

研究其他相關資訊。

有機會的話和那些對你的職業發展有興趣並且在相關行業工作的人進行交流，或者在這個職位上與一個專業人員共事。

積極尋找實習、兼職、暑期工以及志願者活動來增加自己的工作經驗。

參加其他與職業相關的活動從而盡可能多了解行業以及整個職場。

第三年：細分你可能的選擇

我在考慮幾個不同的職業選擇 —— 哪一個最我是最佳選擇呢？

我應該為這個職業準備寫什麼呢？

大一以來，我的興趣有哪些變化？這將會怎樣影響我現在的行動？

實習和暑期兼職將幫助你獲得新的技術，了解更多的職業資訊，並且構建你自己的人脈網路。以自己更好的學術表現，尤其是你的專業方面。現在是時候回到大一時候的問題：我是誰？我想要什麼？

細化你的職業選擇並且與一個專業人員討論你的職業規劃。你對自己早期的決定滿意麼？

為讀研究所作準備，如果你的職業規劃需要一個更高的學術背景。

研究你心儀的公司以及它的工作環境和企業文化，確定自己最適合的職位。

繼續尋找並且從事那些能使你獲得有用經驗的實習以及兼職工作。

第四年：衝刺之時，決戰之際

什麼樣的工作對於我是可行並且現實的？

我透過什麼樣的管道可以找到適合我的工作？

我應該現在就讀研或者先工作再讀研？

為你自己提前計畫並且設置切實可行的職業目標，現在起你將面對從大學校園到社會或者更高一級學位學習的轉變。

了解求職的每一點資訊，有可能的話可以參加一下專業的求職培訓，向專業職業諮詢師進行諮詢。

為你得第一份工作進行準備，就工作的第一年以及你所能遇想到的一切向你的學長學姊請教。

充分離用你的人脈關係為你的求職歷程創造機會。利用一切可以利用的機會拓展你求職的管道，網路，招聘會，宣講會等等。

確認自己有關畢業以及簽約的一切事宜，以免到最後給自己措手不及的麻煩。

八、畢業求職要多留心

每年五六月分，正值應屆大學畢業生求職的高峰期，多年來寒窗苦讀，終於到了得以展現自己能力之時，他們無不全身心的投入求職的人海中。然而，由於大專院校擴招、部分市場需求飽和等因素，大學生就業已不容樂觀，而五花八門的招聘陷阱更是無處不在。為此，記者採訪了幾位應屆畢業生，他們在求職過程中遇上的招聘陷阱確實不少。

(一) 陷阱一：高職務誘惑

作為應屆畢業生，需要把個人資料公開於各大招聘網站上，以求得用人公司的賞識。未曾想，這卻給一些別有用心的人提供了製造陷阱的機會。

畢業生小薛，述說了自己求職受騙的經歷。一天，小薛接到某保險公司的電話，竟然被告知她已被該公司錄取為「儲備經理人」。小薛在興奮之餘不免納悶，自己從未向該公司投送履歷過呀？他們怎麼會知道自己的電話？但小薛還是興沖沖的來到該公司，可是去過才知道，原來是該公司從某招聘網站上的公開資料裡「選」中了自己。而所謂的預先被錄取的職位「儲備經理人」則被換成了「理財專員」。經過一番培訓後，小薛才知道，原來該公司把自己招來就是做保險業務員。小薛所學的專業是「網路編輯」，與保險業沒有任何關係，而不善言談的小薛竟然被業務經理誇成了「他見過的最適合做保險的畢業生，不做保險將是終身遺憾」。真是令人哭笑不得。

據小薛稱，此類情況她的同學也遇到不少。前不久，一家公司給學校發來招聘通知，招聘行銷助理若干名，很多同學都去了，結果就是招業務員，工作是銷售服裝……

據了解，目前很多公司招聘業務員都是到各招聘網站搜集應屆畢業生的資料，以高職務加以誘惑。對於諸如此類「掛羊頭賣狗肉」的招聘伎倆，畢業生一定要警惕，清楚自身實力，從基礎做起，逐漸展現自己的才華，不要輕信高職誘惑。

(二) 陷阱二：騙培訓費

以錄取作為誘餌騙取培訓費已是屢見不鮮了，但仍有畢業生求職心切，掉入此類陷阱。

應屆畢業生小劉同學接到某公司的面試通知，於是高興的到該公司參加面試。一番面試後，該公司並沒有當時就向他收取培訓費，只是說讓他先試用一段時間，然後再考慮是否錄取他。小劉十分高興，想好好表現一下，爭取能留在該公司工作。於是，他晚睡早起的做了近一個月，結果卻被告知：你做得不錯，但專業知識不足，公司需要對你進行培訓，請先繳五千元培訓費。

值得畢業生注意的是，一般正規公司會向求職畢業生說明試用期，即使求職畢業生在試用期沒有透過，也會得到相應報酬。至於培訓費，一般由公司擔負。

(三) 陷阱三：「空殼公司」

畢業生小李收到一個房地產公司的電子郵件，被通知去面試。由於小李並未向該公司投送過履歷，他怕遇上「空殼公司」，為安全起見，決定上網先查一下。讓小李驚訝的是，當他用 GOOGLE 搜索後發現，該公司居然用同一個電話、網址註冊了四個公司，涉及醫藥、保險、建材等不同領域。該公司提出的給求職畢業生的待遇異常優厚，而招聘資訊中對於學歷的要求竟然是高中職以上即可。該公司以低學歷招聘求職畢業生，卻提出付相當高的薪資，值得懷疑。經其向政府相關部門了解後，該公司已不存在。該公司是以低標準將畢業生招募來為公司工作，而其承諾的高薪資是不會兌現的。

對此，求職畢業生們應該得到一些啟示，如果接到一些自己並不熟知或者並未投放履歷的公司的面試通知，應該事先向有關部門查詢、核實該公司的真實情況，並上網搜索一下該公司的網站，確定其規模與用人需求，然後再去進行面試。

(四) 畢業生要勇於說「不」

一些受騙的畢業生認為，針對招聘陷阱，相關部門應負起責任，杜絕畢業生受騙。公司不得以任何名義向應聘者收取報名費、抵押金、保證金等費用，如公司違反規定收取各種費用，求職畢業生就要勇於說『不』。一個遵紀守法的公司才能有發展前途，如其不遵守規定，對其向求職畢業生許下的承諾也應打個問號。如今畢業生找工作較難，就業壓力較大。但畢業生在主觀上還是要保持冷靜，才能客觀的審視對方的情況。諸如此類的招聘陷阱數不勝數，希望廣大應屆畢業生增強自我保護意識和辨別真假招聘的意識，透過正規管道取得面試資格，切忌因一時求職心切而上當受騙，以免落入形形色色的招聘陷阱。

九、推銷自己的四大妙招

求職者尋找工作，施展抱負，若是默默無聞，即使你是身懷絕技的千里馬，也只有老死於槽櫪之間。當然，推銷自己，絕不是去阿諛奉承，溜鬚拍馬。而是要善於學習，勤於思考，講究技巧。

(一) 下定決心，以柔克剛

求職的人誰都想一舉成功，但大多數情況下，並不能如願，為此求職者應有不怕失敗的韌性準備。

一家大電器廠招工，高職生陳昭亮前去應聘，請求隨便讓他做什麼都行。人事部主管見他身材矮小，而學歷又較低，不便直說，就回答：「我們現在不缺人，過一個月再說吧！」其實人家是一種推託。沒想一月後，陳昭亮真的來了，主管很為難，就推託此事。過了幾天陳昭亮再去找他，就這樣幾次反覆，這位主管有些吃不消，便說：「你這不整潔的樣子，怎麼可以進廠呢？」於是他就去借錢買了新衣服，並好好整理了一番儀容，然後又去了。對方拿他沒辦法，但又說：「你不懂電器知識怎麼行？」沒想到兩個月後，陳昭亮又來了，並說：我已學了兩個月的電器相關知識，你看我哪些方面還不夠？我一定認認真真來補充！看著這位「幹勁」十足的他，人事主管不得不說：「我做了幾十年的招聘工作，頭一回碰到像你這樣來找工作的，真佩服你有這樣好的耐心與韌性。」謝天謝地，他終於感動了這位主管，如願以償的進了這家工廠。

(二) 逆向思考，「醜」中取勝

鄭小姐是某財經學院管理系的高材生，但是，因相貌欠佳，找工作時總過不了面試關。

經歷了一次又一次的打擊，鄭小姐幾乎不相信所有的招聘廣告，她決定主動上門專挑大公司推銷自己。她走進一家化妝品公司，老闆靜靜的聽她「賣嘴皮子」，她從外國化妝品公司的成功之道說到國內的推銷妙技，侃侃道來，順理成章，邏輯縝密。這位老闆很興奮，親切的說：「小姐，恕我直言，化妝品廣告基本上是美人的廣告，外觀很重要。」鄭小姐毫不自慚，她迎著老整體目光大膽進言：「美人可以說這張臉是用了你們的面霜的結果，醜女則可以說這張臉是沒有用你們的面霜的關係，殊途同歸，你不認為後者更高明嗎？」老闆寫了張紙條遞給她：「你去人事處報到，先做推銷，試用你三個月。」鄭小姐十分珍惜來之不易的工作，滿腔熱情的投入工作中，一個月下來，業績顯著，她現在已是該公司的副總經理。「在市場經濟上，一個連自己都推銷不出去的人，別人是不會聘你做推銷的。一個各方面素養都比較優秀的人，更應該學會推銷自己。」

(三) 研究對方，面陳其「過」

通常情況下，參加求職應試的人總要說些恭維話，以引起對方的好感而求到職位，但一味說好話也未必能打動人。指出對方不足之處，並令對方心服口服，常常也能達到求職目的。當然前提是你必須潛心的研究對方，找出對方真正的「過」處。

大學數學系的一位女畢業生，在參加公司主考官主持的最後一輪面試時，大膽指出該公司的不足，並用國外事例佐證，使對方不得不折服，結果她被首選聘用。

面陳其「過」，之所以能勝於別的應聘者，不僅是因為技巧新，由「貼金」變「責難」而且表明：

・ 你已經在關心與研究該公司，並探索於該公司未來的發展。

・ 你想到該公司工作的態度是十分認真的，目標專一，而不是抱著「進了再說，不行拉倒」的心態隨便試試看的。另外你說得令人信服，還表明你研究之深，水準之高。這些都有助於你應聘獲得成功。

但你應該注意的問題是面陳其「過」，態度必須誠懇，著眼於使對方做得更好，具有建設性，且實事求是，說到點子上，具有可行性。

(四) 未聘先評，「方案」敲門

一著名外資企業，欲招聘高層管理人員，豐厚的薪水、優越的待遇吸引了眾多人士前來應聘，其中不乏博士、碩士，也有原本就是外商員工的。但令大家意想不到的是，最後勝出的卻是一位只有大專學歷、也從來沒有外商工作經歷的「無名小卒」。在談到何以制勝時，這位先生道出了他的「法寶」:「這家公司招聘廣告一登出來的時候，我就著手對該公司所有的產品做仔細的市場調查，從市占率、產品到競爭對手等各方面的情況我都了解得清清楚楚，因而提出的建議和制定的規劃也是最切實可行的。它沒請我，我就已為它工作了，它不請我又要請誰呢？」這位先生的求職思路，是值得借鑒的。作為用人公司，它最希望的就是招聘到的人能實實在在解決問題，能出色的勝任本職工作，它不需要更多的高深理論，也不需要誇誇其談。學歷也罷，工作經驗也罷，都只不過從側面證明你有這個能力，但都不如直接拿出實實在在的方案來。在應聘前下番功夫做番調查，對公司的情況有所了解，然後對症下藥提出切實可行的解決方案，最能獲得應聘公司的「芳心」。其次，沒來公司就已開始「工作」了，很容易獲得應聘公司的好感，他知道你是真心的、忠誠的，在情感的天平上無疑會傾向於你。

十、你如何簽勞動合約

天氣漸漸熱了起來，應屆大學畢業生期望找到公司的心更急切了，於是，與用人公司簽訂勞動合約的大學生也漸漸多了起來。怎樣簽訂勞動合約才能保障自己作為勞動者的合法權益，也成為大學畢業生最關心的問題。那麼在與用人公司簽訂勞動合約時大學生應該注意什麼呢？

(一) 簽訂合法勞動合約

使勞動合約產生法律約束力的前提就是依法簽訂勞動合約，如果簽訂的勞動合約本身就不合法，那麼求職者的權益就幾乎不會得到保護。因此，求職者在簽訂合約前一定要先確認自己簽訂的勞動合約是否具備產生法律約束力的條件，包括：用人公司這一勞動合約主體須符合法定條件，用人公司應當依法成立，能夠依法支付薪資、繳納相關保險費、提供勞動保護條件，並能夠承擔相對的民事責任。雙方簽訂的勞動合約內容（權利與義務）必須符合法律、法規和勞動政策，不得從事非法工作。此外，簽訂勞動合約的程序、形式必須合法，如經協商一致採用書面形式等。

(二) 了解必要的法律知識

在學校的生活中，不少學生忽略了對法律法規的學習。相關人士提醒，求職者在簽訂勞動合約之前，應該認真了解一些勞動法律和法規方面的知識。最簡單有效的就是了解合約雙方當事人的權利義務，勞動合約的訂立、履行、變更、終止和解除，法律責任等規定，這樣一旦日後用人公司違反合約規定，求職者就可以利用法律武器來維護自己的權益。

(三) 工作內容應細化

如果合約中說明職位工種比較廣，就意味著當事人在履行勞動合約期間，從事的職位工種變化範圍較大。求職者可以要求用人公司對職位工種適度細化。求職者對於試用期、培訓、保守商業祕密、補充保險和福利待遇等希望在勞動合約中展現的內容，可提出在勞動合約中寫明。

(四) 掌握相關細節

簽訂勞動合約前，應仔細閱讀關於相關職位的工作說明書、職位責任制、勞動紀律、薪資支付規定、績效考核制度、勞動合約管理細則和有關規章制度。因為，這些檔中會涉及求職者多方面的權益，求職者遵守規定是其法定義務。這些作為勞動合約附件時，與勞動合約具有同樣的法律約束力。

(五) 及時簽訂勞動合約

特別要強調的是，應聘人與用人公司簽勞動合約的時間應在求職者試用前，而不是試用合格後。用人公司與應聘人存在勞動關係未訂立勞動合約，應聘人要求簽訂勞動合約的，用人公司不得解除勞動關係，並應當與其簽訂勞動合約。

另外需要注意的是，當勞動合約涉及數位時，應當使用大寫漢字。勞動合約至少一式兩份，雙方各執一份，妥善保管。若用人公司事先起草了勞動合約文本，要求求職者簽字時，求職者一定要慎重，對文本仔細推敲，發現條款表述不清、概念模糊的，及時要求用人公司進行說明修訂。

求職者在簽訂勞動合約前，最好先到勞動事務諮詢檯或有關法律事務所進行諮詢。

十一、學會進外商的九種行為禮儀

苦練二十多年內功，你終於進入嚮往已久的外商，但這並不意味著從此就一路順風。外商裡有許多看似瑣碎的細節，實則是考驗一個新員工品質的試金石，你不可不防。

(一) 信封

很多外商在收到應聘履歷時，都會把一些信封上印有原公司名字的履歷第一輪就淘汰掉。

原因很簡單，將公司業務交往用的信函私自挪為己用，是一種對原公司的極不尊重，同時也是應聘者個人行為很不負責任的一種表現。

我曾收到過這樣一封履歷，信封是他第一家工作公司的，信紙是第二家的，其漂亮的彩色列印效果很不錯，只是在每頁的右下角都列印有他所在第三家公司的標記。我十分敬佩此人居然能將跨度為四年的三家公司的歷史濃縮在一封履歷裡，想必並非打算以此證明他的履歷的真實性，而是習慣成自然的一種表現。此人一貫的工作方式以及個人素養都值得認真商榷。

(二) 電話

在外商公司一般說來每個人的辦公桌上都有電話，而且因為業務需要通常都開通了國內長途或國際長途。但仍有一些公司在走廊或休息區專門設置了供員工撥打私人電話的投幣電話，目的是讓大家明白，公司電話僅是用於公司業務用途，而不是可以隨意聊天或處理私人事務。

(三) 手機

二十多年前，在社會上還未普及的時候，很多銷售人員因為業務需要由公司配備了手機，外人看來頗為風光，可當電話是由朋友打來的時候，他們仍是會簡而言之後迅速掛斷了電話，因為他們心裡明白，每月的電話使用清單上這部分私人電話是要計入自己帳單的。

(四) 電腦

很多外商公司不允許員工在公司電腦打遊戲，上網聊天自然也是被公司禁止的，但仍有人利用公司的內部網路。一位員工透過網路到一家國外的成人網站下載了許多圖片，清查之下這位員工很快失去了這份相當不錯的工作，並且在個人形象方面也大為受損。

(五) 紙張

很多公司對紙張的使用都有著嚴格的要求，例如：在印表機和影印機旁一般都設有三個盒子，一個是盛放新紙的，一個是盛放用過一面留待反面使用的，另一個才是盛放兩面都用過可以處理掉的回收紙。如果用過一面的紙張不便於再用作列印或影印，可以簡單裝訂起來作為草稿紙，或者用於財務報銷時貼發票，總之一定可以另找到用途，而不可隨意廢棄。

(六) 水杯

有的公司規定紙杯只能供客人使用。在公司開會時，經常可以看到客人一側是清一色的紙杯，而公司職員這一側則是風格各異的瓷杯或玻璃杯，充分展現了主人的風格與愛好。

(七) 用電

在中午的休息時間或辦公區長時間無人時，須自動關閉電燈及電腦顯示器等。如果在中午時間你到了一家公司，發現裡面燈光暗淡、電腦也似乎沒有開機，不要擔心，這一定是吃飯和午休時間，辦公室的主人們也許正在公司的餐廳或樓下咖啡座裡享受人生呢。

(八) 私人會談

對私人朋友來訪很多公司都專門設有會談室，通常說來不會允許客人進入到工作區。而且，在時間方面也有著較為嚴格的規定，一般只允許在休息時間接待這種來訪，除非是急事，並且也要求盡可能的簡短。很多人都覺得白領們大都喜歡下班後辦個聚餐或是找個酒吧、咖啡廳聊聊天，似乎特別在意一些情調，其實基本上是因為他們在工作時間根本沒機會閒聊或是與朋友們交流感情，一個白領自嘲說：「工作中像一個上了發條的機器零件，下班了也得像上足了弦的玩具兔子，從這個餐廳蹦到那個酒吧，而且不得不讓自己不停的動起來，不然朋友們會以為他消失了。」

(九) 報銷

大部分外商在審核計程車票的報銷時，都要求列出起止地點及時間明細等等細節，並且對因工作需要或加班後乘坐計程車也制定了非常詳細的規定。白領們固然也不至於蒙受風吹雨打，但很多人也有著這樣的痛苦經驗：回到辦公室後需要極其耐心的將幾日來存下的計程車票分門別類的貼好，並注明相對的起止地點以及乘坐的原因，再按財務制度將它們整齊的裝訂成冊送給上級主管審閱。如果其中有意或無意的混入些個人票據，那後果當然是不言自明的。

十二、大學生求職到底要花多少錢

貧困生借錢求職、大學生求職花費高，有關大學生求職消費的聽聞的消息不斷，究竟大學生在求職的過程中要花多少錢？花在哪裡了？有沒有節省的方法呢？

把大學生在求職過程中的花費粗劃分一下，大概可以分成兩類：必須和非必須的。這必須的花費就是你怎麼著也得花，花多花少的不同而已。

大部分學生覺得求職花費是應該的，值得。而這些求職花費並不是亂花，買套裝、搭計程車、手機費用、考試、補習等，學生們都會理性對待。而為求職整容這樣的事，更是三思而後行。

十三、個人劣勢如何巧妙彌補

人無完人，每個人都有弱點和缺陷。在求職時，這些弱點和缺陷會轉化成我們的劣勢，為求職帶來阻礙。帶著劣勢求職並非就意味著失敗，只要善於另闢蹊徑，用長處彌補劣勢，求職就能突破重圍，關鍵看你有沒有勇氣和良好的心理素養。

(一) 性格劣勢 —— 用場合彌補

興華同學天生害羞，一開口就臉紅，幾次求職面試均因表現慌亂而敗北。不久，一個同學透露，他所在的企業要招聘一名總裁祕書，興華對此很感興趣，但「面試恐懼症」又讓他望而卻步。恰好此時，該公司要舉行卡拉 OK 大賽，興華眼前一亮：自己當年可是全校卡拉 OK 大賽冠軍，只要拿起麥克風，怯場的感覺就全沒了，何不利用這個場合表現自己？透過同學的幫助，興華以嘉賓的身分參加了比賽，結果一舉奪得冠軍。高層人士紛紛把目光投注到他身上，就連總裁也打聽這個陌生的小夥子是何許人也。興華這時一點也不慌張，大大方方說明來意，亮出自己發表過的作品，最終求職成功。

性格上的弱點誰都有，但並不是每時每刻都會展現出來。避開可能暴露弱點的場合，找一個最能表現優勢的時機，你就有可能成功。不過這種另類的求職方式需要一點創意和策略。

(二) 學歷劣勢——用自信彌補

某廣告公司招收兩名廣告設計師，優厚的待遇吸引了不少人前來應聘。面試前，應聘者全部屏息靜氣的坐在接待室裡。其中一位面帶微笑、神態自信的女大學生引起了總經理的注意。調出她的求職登記表一看，發現她既沒有廣告設計的專業文憑，做這一行的時間也不長，但自始至終，她都保持著自然、親切的微笑。她的自信不由讓考官忽略了她的學歷，開始關注她的作品。後來，她成為兩個幸運兒中的一名。

是自信讓總經理注意了她，是自信使她在面試中有別於其他對手，還是自信，使考官對她產生了信任感。如果你相信自己的能力不比有學歷者差，那麼，亮出你的微笑來。

(三) 健康劣勢——用特長彌補

建軍不幸右眼失明，今後的就業使他憂心忡忡。同學們在為他出謀劃策的過程中，發現他的嗅覺特別靈敏，於是啟發他發揮這一特長。建軍感到有理，就專門跑到警察局詢問警犬如何提高嗅覺靈敏度。如今，建軍已是一家香料廠的部門主管了，肩負著全廠出口香料的品質檢測、把關工作，月薪五萬元。

什麼劣勢都容易補救，唯獨軀體的殘疾讓人感到無力回天。但世事無絕對，上帝對你關上一扇門，就可能為你打開一扇窗。只要能及時挖掘自己其他方面的優勢，並將這些優勢轉化為生產力，天塹也能變通途。

(四) 科系劣勢——用技能彌補

歷史系畢業生小劉，由於學的是冷門科系，多次求職未果。當他的履歷再次被某外商拒絕後，小劉費盡周折，直接找到中方老闆，用流暢的英語表達了自己加入這家公司的渴望。老闆對他的英語能力頗為讚賞，拍板要了他。一個地理系學生，應聘某日資企業商務主管一職，同場競技的大多是相關科系的研究生。應聘過程中，老闆的電腦突然壞了，急需的資料調不出來，他挺身而出幫老闆解決了難題，老闆於是決定讓他去公司技術部門工作。

冷門專業的學生經常感歎前途渺茫，其實不妨在本專業之外再掌握一些實用性強的輔助性技能，說不定在關鍵時刻就能派上用場。

(五) 性別劣勢 —— 用勇氣彌補

一房地產公司招聘總經理助理，特別注明只要男性。一個女大學生卻偏偏要應聘這個職位，並明確向招聘人員說明，此舉乃性別歧視，對選拔優秀人才毫無益處。最後，連總經理也被她說服了，這名女大學生於是得到了這個職位。

性別歧視的現象在人才市場中仍不同程度的存在著，在遇上性別歧視時，是忍氣吞聲繞道走，還是大膽上前據理力爭？這個例子說明，正當的權益應大膽捍衛，畢竟理虧的並不是你。說不定，對方還會因欽佩你的勇氣而改變錯誤的看法呢！

十四、大學生「知識失業」的五大典型

所謂知識失業，是指接受了高等教育，獲得了大專或大學以上學歷者，處於不得其用的狀態，大學生的失業可以說是最為典型的知識失業。大學生的知識失業是一種人才相對過剩而造成的虛假性的飽和。目前，高學歷者在勞動力群體中所占的比重還相當少，面臨的尷尬是：一方面，很

多基層公司、私人企業急需大學生去充實，另一方面大學生卻成堆於大中都市和外商。

由此可見，大學生所面臨的失業是一種結構性失業，是一種「虛假的飽和」。在大學生中，知識失業所占的比率還比較小，且只集中於部分群體——

(一) 萬金油型

如中文、歷史、社會學等科系的大學生，由於既可做管理、做行政，又可做市場、做代理、做企劃，好像樣樣精通，但其實樣樣不通。由於這種人才的天性太強，個性太弱，在公司裡往往成了可有可無、可多可少的補充性人員，公司一旦遇上經濟危機，他們往往會成為首選的裁撤對象，繼而走向失業。

(二) 高專業化型

電腦應用、財會類科系的內部分化非常細，這些科系的大學生在處理具體問題上往往遊刃有餘、得心應手，但一旦面對複雜的、整體性的問題，往往捉襟見肘，難於應付。許多公司為了節省成本、使企業效益最大化，往往更喜歡一些能獨當多面的綜合型人才，而非高專業化的人才。

(三) 書呆子型

許多大學生在學習中只知死啃書本，缺乏足夠的社會實踐，從而導致了適應和創新能力的不足。這種人進入企業後，很難立刻進入角色，企業要耗費很多的精力和財力對之培訓，這對許多企業來說，顯然得不償失。

（四）自以為是型

這類高學歷的人自認為自己學歷高、知識豐富、資本足，在工作中傲視一切，藐視上級，鄙視同事，往往造成人際關係僵化。這種大學生在工作上往往脫離實際，一旦決策失誤，會給公司帶來不可挽回的巨大損失。在這種情況下，公司還不如退而求其次，聘選一些學歷低但務實的職員。

（五）半吊子型

對於一些大學生而言，並非找不到任何工作，而是由於對工作的價值過高，對一些低階的工作不屑一顧，盲目的追求一些脫離自身實際的「高薪資、高待遇」的理想工作。這種「半吊子」型的人才，在就業壓力日益增大的今天必然要走向失業。

值得注意的是，大學生「知識失業」已呈現出學歷層次性。目前的大學生失業群體中，占絕大多數的仍是大專生和大學生，碩士生、博士生占的比例很少。但隨著就業難度的逐漸加大和研究生的不斷擴招，部分碩士生、博士生在不久的將來也會加入這個群體。在今年的許多招聘會上，已經出現了研究生就業時自貶身價、降低工作要求的現象。

十五、新人試用期間的安全過關

每年的應屆畢業生將正式走出校園，那一刻，可能所有的同學都會流淚。因為他們要告別的不僅僅是生活了四年的校園、一群相伴了四年的同窗，他們還要告別那份學生的無憂無慮……

告別了象牙塔，揮別校園，帶著對學生時代的眷念，懷著對未來生活的幾絲憧憬、幾絲忐忑，蹣跚著步入職場，變身為職場新人，他們將面對另一種生活規則，進入人生的又一轉捩點。而作為職場新人，在前半年的試用期裡，如何順利完成兩種不同角色的轉換，盡快適應新環境，相信這是每一位應屆畢業生都在思考的問題。

目前，很多大學應屆畢業生已經升遷為職業人，成為全新的職場新人。他們邁出校園，進入企業，首先迎來了進入職場的第一關 —— 試用期。面對新的環境、新的同事和新的生活方式，如何盡快適應，融入企業運作，成功渡過試用期，轉型為企業的正式員工，成為這些職場新人首要考慮的問題。

(一) 克服「新人症候群」

對一位職場新人來說，要適應新的工作環境一般需要三個月時間，而企業往往也是透過這三個月來對你作出評判，決定最後的取捨。然而，進入企業後，往往有些新人對新環境和新工作感到不適應：冷漠的同事，不欣賞自己的上司，枯燥乏味的工作……這些都讓他們感到難以接受，而成為職場上的「祥林嫂」，上怨老闆和上司，下怨同事，不停的投訴工作中遇到的障礙，出現了所謂的「職場新人症候群」。所以，在三個月時間內克服「職場新人症候群」，對初涉職場的每個人都極為重要。

一位人事專家認為，這個症狀往往與畢業生事先對新環境、新職位估計不足，對工作價值過高、不切實際等因素有關。

專家表示，當新人抱著過高的目標接觸現實工作環境時，往往會產生一種失落感，感到處處不如意、不順心。指出畢業生在踏上工作職位後，要能夠根據現實的環境調整自己的價值，並盡量把價值定得低一些、現實一些。

(二) 盡快完成角色轉換

要更好的克服「職場新人症候群」，畢業生要盡快完成從學生轉變為職業人的角色轉換。業內人士指出，不少畢業生進入企業後，仍停留在學生的階段，很多想法都過於理想化，與現實有不少差距，在工作中仍保留著學生時代的不良習慣。認為新人應盡快融入企業，進入職業人的角色，學會觀察，特別是了解那些針對個人修養和職業道德的規範，讓自己更好的完成本職工作。

(三) 不同企業要求不同

另一方面，新人和企業間存在思想或理念上的分歧，會讓畢業生無所適從。一位人力資源經理表示，每個企業都有自己的企業文化和發展規劃，新人應把自己定位在「學習者」上，盡量學習和了解企業文化，讓自己可以融入企業發展中去。

另外，在不同企業中，新人的生存之道也是不同的，如外商老闆更希望新人能具備進取精神；國有企業則希望新人能夠聽話踏實穩當；在小企業中，老闆更看重新人的活力，也會給予更多的發展上升空間；在規章制度明確的大企業則最好要懂規矩，一定要完成好交給的本職工作。了解不同企業的要求，新人才能更好的度過試用期，實現安全「著陸」。

第五章
職場交際不可忽視的細節

一、獲得老闆信任會較早出頭

儘管現在經濟依舊處於不景氣，但是因為經由豐裕的社會後才產生，所以仍然是由勞動者這方來選擇職業。如準備從事司機一職時，首先會選擇薪水較高的連結車或是貨櫃車等之類的工作。

由於私家司機雜事較多，而且會被認為是一輩子都抬不起頭的職業，所以大部分的人，比較不喜歡選擇當私家司機。就算當私家司機也只是暫時的棲身，不會有長期的打算。所以許多知名企業的董事長或是總經理，想找個機靈一點的司機都很困難。

如果你對自己有信心，有自信讓你主管認同你的才能，那麼選擇一份普通薪水階級的工作，還不如去當個董事長或是總經理的司機。或許你覺得當個司機不好聽，但是司機有機會直接接觸到董事長或是總經理。

如果能夠認真努力的工作，機靈點，做任何事都能小心應對的話，應該很快會被認同，那離你出頭的日子就指日可待。如果有個能力強的司機，老闆一定會覺得不留在身邊做事太可惜。如果有能力卻一直當個司機這就傷腦筋了。

此種情形也有可能發生，但這也只是暫時性的，這世界上沒有老闆會永遠將聰明人當司機的。據我所知，一位知名創業者，為了自己的一位司機，特地開了一家運輸公司，並且將這份工作交付予他管理。

光是搬運自家公司所生產的製品和顏料，就已經有做不完的業務了。這種情形要比開聯結車或是貨櫃車之類的工作來得快出頭天。

從開車的司機升遷至祕書，不久變成公司高層的例子不在少數。只要在老闆身邊，你的人品及能力，就會有很多的機會被認同，而且也可以直接觀察到這些業界傑出人才，是如何運用智慧操作他們的事業，這也是人生另一種學習吧！

從被老闆任用於祕書工作一直到被信賴之後，應該可以更早一點飛黃騰達吧！

二、牢固你的人際關係三十六計

第一計：如何懂得「聽人說話」是受別人歡迎的前提。

第二計：只有善於展示「真實的自己」，才能更加吸引別人對自己的注意力。

第三計：初次交往的成敗關鍵是適當的寒暄。

第四計：贏得別人對自己的信任必須先做給別人看。

第五計：與人交往注意不要過於親密，保持適當的距離，有助於友誼的持久。

第六計：微笑是增進人際關係的寶貴財富。

第七計：記住對方的姓名有助於進一步的交往。

第八計：「守時」能展現個人的良好品德。

第九計：適當的穿著打扮有助於增進人際關係。

第十計：良好的姿態，能促進雙方的交流。

第十一計：恰如其分的讚美使人相交更愉悅。

第十二計：與朋友相交不念舊惡，對對方的良好表現要及時的給予褒揚。

第十三計：對朋友的誇獎要有度，不能過度，過度的奉承反而顯得有失誠意。

第十四計：面對朋友的要求不要有求必應，而應量力而為。

第十五計：朋友之間如有點小誤會，可利用「第三者」作為緩衝，以解除誤解。

第十六計：學會借「第三者」的口傳達自己的仰慕之情、讚美之意。

第十七計：與人交往必須把握寬嚴分寸。

第十八計：養成「推己及人」的精神。

第十九計：善解他人「愛屋及烏」的心理。

第二十計：善用「內方外圓」的處世哲學。

第二十一計：學會用「忍讓」「寬容」接納他人，更能促進相互理解。

第二十二計：有時主動認錯，不僅不會降低自己的身分，反而會提高自己的信譽。

第二十三計：豁達大度方能不致傷人傷己。

第二十四計：「理解」不是強加給別人的，而是透過自己的舉動感染別人。

第二十五計：直視對方，誠心誠意說：「對不起。」

第二十六計：「信任」是友誼的根本。

第二十七計：放棄私我，從對方的利益出發，能輕易的感召他人為己所用。

第二十八計：寬以待人，嚴於律己。

第二十九計：友好相處的基礎在「與人為善」。

第三十計：與人相處應當虛懷若谷。

第三十一計：待人必須謙虛有禮。

第三十二計：適時來點幽默可以化解敵意，化解緊張的氣氛。

第三十三計：對待朋友以寬宏大量為度。

第三十四計：人際往來不要害怕主動。

第三十五計：坦誠布公是交朋友的基本法則。

第三十六計：適時的「糊塗」是難得的人際關係潤滑劑。

三、如何贏得交際親和力

(一) 主動攀談，求得他人認可

言為心聲，只有用語言與別人交談，別人才能更好的認識你，你也才能更好的認識別人。以交談的方式與別人溝通，可促進和深化交往。

(二) 善意疏導，去除他人誤解

人與人之間出現矛盾、摩擦是正常的，關鍵是要多溝通，說開了彼此之間就會取得理解，逐步磨合，再走向和諧。尤其是一些不必要的矛盾，只要稍作一點解釋，就會弄清事實，澄清是非，讓雙方化干戈為玉帛。

(三) 隨和解釋，贏得他人佩服

要想取得對方的信任以利於溝通，就要注意在言談舉止方面大方自然一點，不要清高自傲、孤芳自賞，該坦率、直露的地方絕不含糊其辭。只有多向人坦白你，別人才能相信你，從而向你多坦白他自己，達到雙方的有效溝通。

(四) 大度寬容，善待他人

與人方便，自己方便，這說明利益是互惠的，即只有善待他人，他人才能善待你。彼此之間透過包涵和諒解就能進一步加強聯繫和溝通。這就要求我們在交往中，適當諒解和善待對方的缺點和不足，透過交談和解釋等方式向對方表示自己的好感，以了解和親和對方。所以說，當別人有了不足，特別是有損自己利益時，得饒人處且饒人，這樣才會博得別人的敬重。

四、摸透你的老闆，做精明員工

珍惜你與老闆之間的緣分，因為不管你是否願意，他都存在於你的職涯中（除非你自己當老闆）。了解老闆的為人，盡快掌握他喜歡的工作方式，主動成為老闆最好的助手，才是一個精明的白領。

（一）摸透你的老闆

注意以下所述幾點，可以幫助你更加認清你的老闆究竟是哪種人，以及你應該怎麼做：

・如果你的老闆經常要你去做一些與公司利益無關，而只是對他個人方便的事，那麼說明他並是不真的賞識你。

因此，如果遇到他再次找你去替他辦理私人的事情時，你應該搶先提出一些工作上的問題，顯示你正在忙於公事。

・不要認為拍老闆馬屁需要太大的智慧。

佩服的眼神比說出來的語言要更有價值。在老闆發表言論時，有意無意的露出佩服的樣子，微微點頭，再加上適當的反應，老闆就會知道你很有誠意。其實，你根本用不著用令人肉麻的話語來表示自己的態度。

・不是所有的上司都是充滿自信、好大喜功的人，假如碰到自信心不足的上司，你盲目的向他表示欽佩，只能讓他感到你是在奉承他。有時候，一些表示懷疑的態度，或者一些建議，反而能使上司更加了解你所具有的潛力。

・讚揚要有原因，有道理。

老闆也是凡人，他們知道自己的優缺點所在，如果有人胡亂奉承，他們也不會胡亂接受。即使表面上像是接受了，而實際上他能夠分辨出誰在胡言亂語，誰是忠誠踏實。

・靠奉承老闆而獲升遷的人，自信心不足，而且容易出現自卑的感覺。

如果你的老闆曾經是一個拍馬屁的人，他必然深諳這種伎倆，所以在他面前不要耍此種招數。不過，基於一種自卑感，他卻需要更多的尊重，因而你應當在多尊重他這方面注意。至於如何填補他那失落的自尊，則不是輕易就能做到的，非要有技巧不可。

（二）不同類型的老闆有不同的需要

・喜歡宣威揚德型

這種老闆最愛面子，下屬的工作不出色他可以容忍，卻絕不原諒一個當眾令他丟臉的人。對待這種老闆，你須經常提及他的長處，使他的尊嚴越築越堅。他會注意到你對他的尊重。

・家庭觀念特重型

這種老闆經常讓他的子女到他的辦公室玩樂，標榜自己是個好好先生。他不喜歡下屬搞辦公室戀情，更不喜歡那些私生活混亂的人。在他面前，你最好表現得規規矩矩，使他對你有信心。

・永不滿意型

這是嚴格的一類。這類老闆認為下屬做得好是天經地義，做得不好是十惡不赦，在他的心中，永沒有失敗二字。面對這種對下屬缺乏體諒的老闆，你不可抱太大的希望，因為你只有不出錯才能站得住腳。要成為核心人物，這才會使他注意。

・精明能幹型

這類老闆最難應付，因為他太過精明，所以你的一言一行都逃不脫他明亮的雙眼。中規中矩未必能取悅他，唯有比別人更努力，他才會感到你對工作的誠意。

(三) 不損害老闆利益的竅門

・別把自己捧得太高

為了突出個人才能和潛力，因此在老闆面前有意無意的自誇幾句，這樣做不僅不能使老闆讚賞，反而使他對你失去了安全感。適當的自我推銷雖然是必要的，但關鍵在於真實這兩個字，假如掌握不好推銷的火候，做過了頭，反而會達到相反的作用。

・別惹上是非

有關老闆的祕密，奉送給你的格言是；切勿讓老闆知道你了解他，尤其是祕密。假如不可避免的碰巧撞破了他的祕密時，你一定要顯得不明就裡，一無所知，千萬別顯出明白的樣子。

・讓他知道你效忠於他

要記住，時刻保持對老闆應有的效忠程度，不要在被捧得飄飄然時，連老闆的尊嚴也不顧了。必須懂得用畢恭畢敬的態度來對待老闆。在老闆面前，保持高水準的謙虛，將有助你順利踏上青雲路。

(四) 做個被老闆賞識的人

・ 認真的聆聽和記錄他的講話

老闆有高度的尊嚴，在他說出指令時，喜歡看見員工用筆將之記下。當然，如果這是簡單的一項指令，就用不著隆而重之的記錄，否則亦會令老闆反感。

・ 一絲不苟的工作態度

儘管是一個很小的問題，也要用認真追尋真相的態度去處理。這樣的員工老闆喜歡。那種忖測、估計、姑且一試的作風不會讓老闆放心。

・ 主動發掘工作

老闆不喜歡看見員工停滯不前，有時候，員工完成了某項工作，稍微停頓下來歇息，卻被老闆撞見了，這是最無辜的。在老闆心目中，員工是不能在辦公時間停下來的，他們有責任去發掘工作，而不應該讓工作去等他們。

不過，老闆也不會喜歡員工經常走到老闆面前，要他發出工作指令，此舉幾乎等於證明老闆領導無方，無法人盡其才。

五、如何不露痕跡的讓人高看你

我們以為，每一位員工的工作都在老闆的視野裡，老闆對員工的評價自有明見。不幸的是，這種想法太一廂情願了。除非你打算繼續坐冷板凳，蹲在角落裡顧影自憐，否則每做完自認圓滿的工作，要記得向老闆、同事報告，讓別人看見你的光亮。

(一) 無聲無息的永遠是奉獻

紅宇性格內向，從不張揚，默默的做了不少事。然而，令她苦惱的是雖然自己工作很盡心，很努力，但總得不到升遷的機會，也得不到老闆的青睞。尤其令她傷心的是，老闆多次把本該屬於她的功勞算到了別人頭上，更令她傷心的是有一次吳總竟叫不上她的名字！

不聲不響的埋頭苦幹，數年甚至數十年如一日，是老實人的特徵。在老實人看來，只要我努力，一定能夠得到應有的獎賞。老實人以為，每一位員工的工作都在老闆的視野裡，老闆對員工的評價自有明見。不幸的是，這種想法太一廂情願了。不是故意澆你冷水，事實上，老闆最容易患「近視」，雖然你拚了老命，他卻視而不見。嚴格說來，這不完全是老闆的錯。通常，做老闆的往往會把注意力放在比較麻煩的人和事上面，規規矩矩、腳踏實地做事的人反而容易被忽視。

(二) 不做「無名英雄」

影響老實人發展的另一個認知陷阱是，害怕同事批評自己喜歡表功。在慣性的思想深處，我們一向以「謙遜」為美德，不習慣大大方方、直接的「宣揚」自己，同時也對他人的「爭強好勝之心」存有非議。

其實人生是一個發展的過程，它包含著兩個相互聯繫、相互滲透的方面，一個是建構自己，它是指人對自身的設計、塑造和培養；另一個是表現自己，也就是把人的自我價值顯現化，獲得社會的實現和他人的承認。

表現自我絕對稱不上是什麼錯。這世上如果沒有了「表現」，恐怕也就沒有天才和蠢材的區分了。

一位在外商工作只做了四年就做到公司高級副總裁的女性，有人問她怎樣才能在一個公司飛速攀升？她說當然要靠能力。不過這個能力不是通常意義上的「真才實學」，而是指表現能力的能力。她的意思大概是這樣的，生活如同一場接一場的秀，一個人作秀能力的高低決定他在生活舞臺上的票房號召力。

(三) 表現別過度張揚

不過，人在職場，光有「敢於表現」這一點是不夠的，還需要「善於表現」，不要讓人感覺自己的表現欲過強。

有個人在名片的官職上，印了一個「副處長」，這本來沒什麼。壞就壞在他在「副處長」之後，還加了一個括弧，寫著「本處沒有正處長」。他的本意是突出他這個「官」的價值，結果卻起了相反的效果：別人都認為他太「官迷心竅」了。

如果對方看出你的表現欲過強，看出你的一舉一動都是為了表現，他們會認為你沒什麼本事，反而輕瞧了你。還會認為你在「弄虛作假」，人們最不喜歡不坦誠的人，覺得這種人不可交、不可信。

所以，一旦有機會，每個人都要用一種間接、自然的方式表彰自己的功勞。如果不習慣自我推銷，也可請別人從客觀的角度助一臂之力。你會發覺，不露痕跡的讓人注意到你的才幹及成就，比敲鑼打鼓的自誇效果更好。

六、別讓性格誤了你的職場好事

女人是感性的，男人是理性的。這話雖然有些絕對，但也不無道理。好像大多數的女人無論是在職場，還是在情場中，感性總是多於理性的。有時，就是因為女人的感性，所以獲得了與男人不一樣的靈感和收穫。

然而，當女人不合時宜的表現出過度的感性時，亦會造成不可避免的損失。這時，是到了我們該好好管理一下自己性格的時候了。

(一) 控制好自己的情緒

術術是一家大型企業的高級職員，她的能力是有目共睹的，無論是工作能力，還是文字水準，均是公司一流水準的人才，這一點上司也是充分肯定的。平時，術術的熱情大方，率真自然，是比較受人歡迎的。但是，成也蕭何，敗也蕭何。術術的率直和不加掩飾，在職場中有時可是個大忌。

前不久，公司提拔了一個無論是資歷，還是能力和業績都不如她的女同事。術術很是生氣，平時上司就對這位女同事特別關照，什麼升遷、加薪等好機會都想著她，好事幾乎都讓她承包了，眼看著處處不如自己的同事，一年之內竟然被「破格」提拔了三次，可自己的業績明明高出她好多，可上司好像視而不見，只是說讓她好好工作，而好機會總沒她什麼事。

這次，術術真的惱了，她義憤填膺的跑到上司的辦公室去「質問」，並義正詞嚴的與上司「理論」起來，可是上司那裡早已準備了一些冠冕堂皇的理由，儘管這樣上司還是被術術弄得非常狼狽。

從此以後，術術的情緒一度受到影響，還因此備受冷落，同事也不敢輕易和她說話了。術術很難受，又氣又急又惱火，自己怎麼也想不通為什麼工作做了一大堆，主管安排的工作也能高標準的完成，可為什麼總是費力不討好呢？看看那位女同事，也沒做出什麼出色的成績，可人家不慌不忙的總是好事不斷。經過分析，雖然原因是多方面的，但最主要的一條就是術術犯了職場中的大忌，太情緒化了。碰到事情和問題很少多想個為什麼，只憑著感覺和情緒做事，只想做好工作，用業績說話，在為人處事上太缺乏技巧了，常常費力不討好。術術也想讓自己「老練」和「成熟」起來，然而一碰到讓人惱火的事情，她就是控制不住自己的情緒，儘管事後覺得不值，但當時就是不能冷靜下來。

處方：

・遇到事情和問題先別急，要冷靜思考，主管之所以信任和提拔這位同事，她一定有讓主管認可的能力。

・碰到惱人的事情，先不要發火，拚命讓自己安靜下來，然後再做決定。

・一定要學會制怒，有些事情一旦爆發，事後是無法彌補的。

・不要苛求什麼，學會緩解和釋放壓力，調整好心態，心平氣和的做人做事。

(二) 別太在意別人反映

工作中，軒認真負責，反應迅速，有毅力，有思路，這都是職業女性必備的要素。她的工作成績突出，業績傲人，是主管和同事有目共睹的。然而，軒有個最大的弱點，就是太看重別人的看法和反映，在考慮問題時不夠理智客觀，顧慮太多，考慮別人太多，如果看到別人臉色不好看時，無論是上司還是下屬，她都能夠迅速做出反應，解釋為什麼要這樣做，把自己清清楚楚的暴露給別人。其實，有些事情是無須解釋的。這樣，反將本來挺簡單的事情辦的複雜了。後來，公司調整了幾次幹部，提拔了幾名職員，也都沒有軒。理由是她太看重別人的看法了，缺乏主見，一個連自己性格都管理不好的人，如何去管理下屬呢？

處方：

・無論做什麼事，都不要急於表態，某些時候沉默依然是金。

・考慮事情要從大局出發，對上不卑不亢，對下恩威並重，並敢於有技巧的說不。

・培養自信和綜合能力，努力提高處理各種複雜問題的能力。

(三) 消除惹人妒忌的優越感

小慧可以說是幸運的寵兒，美麗聰明的她一直是異性追逐的對象。也許是從小就被寵壞的原因，她天生就有一種優越感。的確，無論在相貌上還是業務上她都是佼佼者。但她卻很少有朋友，特別在公司裡，同事們表面上對她笑臉相迎，但實際上都敬而遠之。因為，她的光環太耀眼，別人和她在一起會感到一種壓力和不自在。偏偏小慧也自恃自己有才有貌，一股從內心裡透出來的優越感，使她說話時都會有種盛氣凌人的樣子，而且還習慣以自我為中心，讓和她相處的人感到格外的不舒服。本來她的優勢就很讓人嫉妒了，可她不懂得如何保護好自己，還是我行我素的獨來獨往，像個孤家寡人，顯得挺沒人緣的。後來，她也意識到這點，就主動靠近大家，然而，她多年養成的習慣很難改變，做的總是那麼不自然，反而適得其反。小慧也是很苦惱的，但就是找不到解決的辦法。

處方：

・努力溝通。應該說溝通是女人的天性，在碰到問題時，一定要想法進行交流，不然問題會越積越深。

・修練自己的性格，性格除了天生之外，後天的培養也很重要，修練好性格會帶來好命運。

・多學習多讀書，溝通和相處是需要技巧的，只有掌握更多的知識，才能運用不同方式方法與不同的人進行溝通交流。

(四) 管理好情感情緒

小麥是個聰慧的氣質型女子，然而聰明的女子在感情的問題上有時也會犯很「低級」的錯誤。小麥也不知道怎麼就愛上了上司，這並不是她的本意，儘管她發現上司有這種傾向時，也多了幾分戒備和警惕，但就是不知道為什麼就按照他的思路去做了。當她發現自己真的愛上上司時，便不斷的提醒自己保持頭腦清醒，像以前一樣的工作，包括與他相處。但小麥沒想到女人一旦愛上誰，智商會如此低下，連自己都嚇了一跳。

過去，小麥處理問題理智冷靜，很難讓人找出破綻。但自從與上司有了曖昧感覺後，她碰到不如意的事情很難再用理智和智慧處理問題，總是用比較直接的方式或憑心情做事。不高興時，對上司也是橫眉冷對。那次，公司裡有個出國的機會，小麥覺得這個名額上司一定會想到她的，結果卻出乎意料，這個名額給了公關部的小劉。小麥一得到消息，當時就火冒三丈，也沒讓自己冷靜下來就去問上司。上司聽明來意，也不耐煩了：「出國名額不是哪個人決定的，而是公司研究決定的，希望你在工作中不要這樣情緒化。」上司一板臉，小麥頓覺自己受了委屈，更加氣惱了。上司開始對小麥越來越疏遠，這時她才如夢初醒。

處方：

・溫柔是女人的生存原則，在辦公室要溫和，但不要情緒化。

・職場是個把自己的才智貢獻出去，讓別人信任和依靠的場所，融合與被融合是最重要的。

・職場中有種看不見的「收入」，比如提職、加薪、出國等。收入的決定權往往掌握在男上司的手裡，這種實力加寵愛的收入，往往會落到那些睿智的優秀女職員手中。

・「慧中」之後的「秀外」才能長久，才能真正讓人賞心悅目。

七、辦公大樓裡最微妙的三個地方

每幢辦公大樓都有電梯間、洗手間和茶水間。也許很多人每天都會在這三個地方進出，但不會去注意它們三者之間存在著許多微妙的關係。

有的辦公大樓所在地段很不錯，大樓名字也夠豪華氣派，可是電梯間破破舊舊，洗手間裡髒髒亂亂。

當然，有時候太先進的東西也會給人帶來尷尬。比如我們這幢辦公大樓，廁所馬桶高級到自動感應沖水。可惜它的沖水時間無法讓你掌握，爽快的時候你剛靠近它，它就開始沖水；而有的時候你明明方便完了，卻遲遲不見它沖水，想去按鈕手動沖水吧，又發現這傢伙根本不聽你指揮，那時候窘得呀恨不得把它給砸了。相比較大廈物業提供的電梯間和洗手間，茶水間基本上是屬於大廈內各公司的，但也可以從有多少供員工隨意享用的何種品牌的飲料點心看出公司慷慨與否，人性化否。

辦公室裡的白領每天消耗在電梯間、洗手間和茶水間的時間累積起來差不多要用小時計算。上下班、吃午餐需要乘電梯，如果公司在大廈占兩層的，向老闆請示彙報跨部門開個小會，也要時不時坐電梯。

洗手間在女性眼裡是化妝間的代名詞。有的 E 時代美女索性一早辦公室報到後，拿起化妝包直奔洗手間，從護膚到彩妝，全套打理；吃完午餐，自然要補妝；下班後不是「充電」，就是約會，重新化個學生妝或者晚宴妝當然需要。茶水間則為繁忙工作中的白領提供了一個小憩的場所。

在電梯間、洗手間和茶水間裡很容易交到朋友。小薇就是因為經常和隔壁公司的咪咪在洗手間遇到，一來二去結成了朋友。有次小薇無意中說起為公司 party 上的禮品煩惱，咪咪馬上熱心的說，我們有幾個不錯的供應商，我回辦公室馬上發 E-mail，薇看到咪咪在洗手間裡多拿了幾張面紙擦鼻子，就把自己抽屜裡的感冒藥拿去給她。

電梯間、洗手間和茶水間絕對是 office 小道消息、流言蜚語、桃色新聞的集中營、加工廠和散播地。在這三個場所說話，特別是說別人的閒話就要千萬當心了，因為它們只是貌似安全而已。一不留神，那個陌生臉孔可能就會回辦公室給你編派的人打電話，更糗的是，你模仿上司的舉動惹得他人笑得天花亂墜的時候，她正好推門進來聽到最精彩的那段，這下，你可就完了。

辦公大樓裡不可缺少電梯間、洗手間和茶水間，在那裡你會發現外表光鮮的白領的另一面，也許不太精緻但卻很真實。

八、職場闖蕩「忍」字當頭

(一) 三招做到「小忍」，方成職業「大謀」。

一個地位顯赫的官員自認為是虔誠而謙卑的佛教徒。有一天在拜訪一座寺廟時，這位官員向廟裡的高僧請教何為佛教中的「驕」。這位高僧神色嚴峻，用不屑而輕蔑的口氣說道：「真是個愚蠢至極的問題！」

高官勃然變色，「你竟敢這樣和我說話！」他憤怒的吼道。

高僧挺直身體微微一笑：「施主，這便是驕。」

你也許會為那個官員的自大和上當而發笑，但很可能你也同樣進入過這種自我防衛的盲點。實際上我們都是這樣。畢竟自我防衛是一種本能的人類反應，展現了人們保護自己免受威脅的傾向。

問題是，在你的生活中大部分引發這種反應的事件，並沒有威脅到你的實際安全。在你發怒的大部分場合裡，有多少次是真正有什麼東西威脅到了你的人身安全、家庭或是工作？如果你不是特別與眾不同的話，那答案一定是：「沒有幾次。」

令你動怒的絕大多數事情都沒有什麼實際意義，只不過是冒犯了一些你自以為重要的抽象事物，你的觀點、看法、尤其是你的自我意識。更令人吃驚的是，你保護這些有關自我的虛妄觀念，就像保護自己免受真實的攻擊那樣不遺餘力。看來你好像是混淆了哪個是你頭腦中的自我形象，哪個是你真實的血肉之軀。你被淹沒在自我想像中，忘記了你只不過是在對一些「觀念」而不是真正重要的事件做出反應。

當然，有些情況下你做錯了事情並且受到貶低和責備，這時受到威脅的就不只是你的自我意識。例如當一名同事批評你工作做得不好時，不僅你的自我，連你的飯碗都遇到了威脅。

然而，更常見的是，威脅到自我的那些失敗、批評和嘲笑，其實並沒有什麼大不了的事情，卻還是讓你煩惱不已。一個打網球友誼賽的週末運動員連續丟了幾分之後可能會暴跳如雷；一位經理在員工質疑其決定時也許會大發雷霆；一個人在妻子批評其衣服摺得不對時可能會怒髮衝冠；一位教師在學生對分數表示不滿時會板起臉孔；有時在別人批評你對書籍、音樂、電影、服飾、汽車等方面的觀點和品味時你也會怒不可遏。

（二）小不忍則亂大謀

那麼在自我意識受到威脅時你是如何反應的呢？例如：

當別人不同意你的觀點時你是否會發火或者煩惱？

你是否為了在一些無關緊要的小事上分出對錯而與人爭論不休？

你是否為了要給別人留下好印象而苦惱？

你是否有時無法控制自己的行為，例如進食、抽菸、飲酒的數量或者發火的次數？

你是否因為不願意認錯而傷害了友誼或其他人際關係？

你是否總想著向別人證明自己？

你是否在腦海裡反覆重播一些陳年舊事？

有沒有人告訴過你，你對自己太過苛刻？

遇到挫折或者別人的批評時，你是否透過負向歸因（negative self-talk）的方式，輕易的把自己否定？

上述問題中如果有一項你回答「是」，那就是自我防衛。

在你防衛自我時，你所失一定會大於所得。最顯而易見的，自我防衛反應是非常令人不快的，你對一件事情長時間無法釋懷，會破壞你一整天的心情。更重要的是，自我防衛還會讓你失去個人成長的機會。想一想上一次別人批評你的工作時，你是怎樣做出抵觸或反擊的回應的。在你的腦海裡中把這件事勾畫出來回想一下。除了試圖維護你的自我意識，你從這次爭執中得到了什麼有益的結果？也許什麼也沒有。

誠然，你常常會受到不公平的批評。但是，即使它是合理的批評，針對的也是你的工作，而不是你，而你的自我意識卻把這兩者混為一談。在自我防衛中，你最終也忽略了大量善意的、正確的以及有價值的批評，本來你是可以從這些回饋中受益的。

然而，抵禦自我防衛的衝動並不意味著要做一個出氣筒，誰都可以說你幾句。它只是說，要保護你自己，而不是你的自我意識，這樣做，你就能盡量減少衝突中的情緒色彩，專注於尋找建設性的解決方法。

例如：如果你的妻子對你忙了半天做出來的牛排晚餐有所不滿，你本能的自我防衛反應可能就是為自己辯解（「我覺得不錯啊，你太挑剔了」），或者是反唇相譏（「是嗎？不管怎樣，也比你上星期做的魚好吃吧」）。這兩種方式都有可能引發對方的抵觸性回應，從而引發你另一次抵觸性回應，如此循環，最後你們發現自己陷入了一場毫無意義的白熱化爭吵中，而起因只不過是你們都拚命想維護自我意識。

相反的，你也可以用平靜而自信的口吻回答：「為了這一餐我可花了不少工夫，你要是告訴我下次怎樣能做得更好我會很願意聽，但是你這樣的指責卻很傷人。」這種交流方式不大容易引起爭執，並且有利於促進個人進步。

不幸的是，當你的自我受到打擊時，會不由自主的產生抵觸性反應，而不管對方是出於多麼的好意。那麼，要減少自我防衛的傾向及其負面後果，需要預先制定好策略。

(三) 三種策略做忍者

下一次當你的自我受到威脅而想要發怒時，嘗試一下用下面的方法來幫助你保持冷靜、克制和達觀：

策略一：判斷當時的情形是否威脅到了你的切身利益。如果當時的情況只是影響到了你的自我意識，就問問自己，僅僅因為你的行為或者別人對你的看法不如你所願就發火或煩惱到底值不值得。

如果當時的情形構成了真正的威脅，比如當別人的批評有可能損害到你的工作或者你與他人的關係，那你也許真的需要採取行動了。即使是這樣，也一定要區分開哪些是真正的威脅，哪些只是對你自我意識的威脅。在真正有威脅的情況下，你要去面對真正的問題，而不要浪費時間和精力去保護一個想像中的自我形象。有意識的忽略對自我的威脅讓你更有效的專注於眼前真正的問題。

策略二：要確定在某種情況下發怒是否對你有好處。因為自我防衛意識的產生，取決於你怎樣看待眼前發生的事情，所以你如果腦子裡反覆重播這些事情，不斷撫弄著受傷的自我意識，你就一定會把痛苦和憤怒之火點燃。你要問問自己，對這件事情耿耿於懷並且大發雷霆是否對你有好處，你是否應當一笑置之或者採取建設性的步驟以改善形勢。

要趕走縈繞在心頭的失敗、批評和其他負面事件也不太容易，但我們的確應當抵禦這種具有嚴重破壞性的本能。

策略三：使用自我認同法。要減輕你的自我意識受傷的程度，自我認同法可能是最好的常用策略。所謂自我認同就是承認你和你的人生都不是完美的，你一定會遇見失敗、挫折和損失。當不快樂的時光到來時，自我認同法要求你對自己寬容，承認並且尋找你的缺點和問題，而不是盲目自責。

自我認同的態度並不意味著自我憐憫、自我放縱或是自我中心，而是用友善、關心和諒解來對待自己，要承認人非聖賢，孰能無過。

自我認同之所以能減少自我防衛，是因為它能降低事件對你自我意識的威脅程度。當事情出錯時，如果你能用友善和尊重來對待自己，你的自我就不會受到生活環境的傷害，因而也就無需防衛了。它無需透過掩蓋有時是醜惡的事實來保留面子，也不會讓你因為那些常見的但相當不合理的挫折而陷於痛苦之中。自我認同提供了一個情感保護罩，在其中你可以清醒的感知你自己和你的生活環境而無需自責。

自我認同並不意味著你從不為自己的錯誤和不良行為感到難過。它也不是讓你簡單的接受自己的缺點而不圖改進。你可以為自己的失誤懊悔，你也可以努力提高自己。但是你面對失敗、錯誤、批評和侵犯時，要帶著認同而不是憤怒和防衛的態度，這樣處理問題會更加有效。

下次當你感到自我防衛的衝動時就嘗試一下這三個策略。當你成功的抵禦住了這種衝動，你會發現你的生活品質提高了一大步。

(四) 忍者三小術

有很多經理人相信只要自己是正確的就不用在乎其他事情了。

錯！

堅持正確的事情，常常會妨礙發展和維持良好的人際關係。你的結論和推理也許絕對正確，但你的表達方式可能絕對錯誤。在人際關係中表達方式與內容對錯一樣重要。自知正確的人們因為率直、傲慢、居高臨下的行為而得罪了大家，這種事情太常見了。

冒犯別人從而損害人際關係會對你的職涯產生不利影響。你不必顯得粗魯和殘酷也能講出真話。你不必阿諛奉承也能做到委婉而善於辭令。你不必咄咄逼人也能堅持真理。你完全沒必要激怒別人來顯示你有多重要。

這裡有一些實用的小技巧可以幫助你避免觸怒別人。

要知道其他人會影響你的前程。你的成功更多的依賴於你的人際能力而不是技術能力。如果你冒犯了別人，在你最需要的時候你就得不到他們的支持。

尊重每一個人。有些經理人會透過羞辱別人來顯示自己的重要性。這樣沒用的。記住，身處底層的人會努力上進，身居高位的人也曾經身處底層。你永遠不知道誰能幫你一把誰會踩你一腳。所以，用尊重和尊嚴對待每一個人。

選擇友善和禮貌。如果你可以在傷害別人和保持友善之間進行選擇，就選擇友善吧。

培養你的溝通能力。表達並滿足你的需要的同時，也應尊重別人需要。富於侵略性的人之所以冒犯別人是因為他們只關心自己。培養有效的溝通能力，你就能得到你真正所需要的東西，同時又不侵害到別人。

培育你的關係。把關係看做是資產。透過幫助別人得其所願而發展關係。不要指望立刻得益，或是投桃報李的回報。那樣行不通。在人際關係上的投入勿有所圖，其回報會讓你喜出望外。

九、擺正位置做對事

在日常工作和生活中，我們常常看到這種現象：下屬由於沒有擺正自己的位置，弄得頂頭上司尤其是那些心胸狹窄的上司和「武大郎」上司很不高興，對此耿耿於懷。於是，上司處處給你「陷害」，或不動聲色的給你「報復」。恐怕許多人都有過這種經歷。

依我看，既然你的角色是人家的職員，那麼就放聰明些，學會擺正自己的角色位置，在自己的職位角度上去有節制的出力和做人，切忌輕易「越位」。以下便是幾大盲點：

決策越位。在有的企業中，職員可以參與公司和本部門的一些決策，這時就應該注意，誰做什麼樣的決策，是有限制的。有些決策，你作為下屬或一般的普通職員可以參與，而有些決策，下屬還是不插話為妙，「沉默是金」，你要視具體情況見機把握。

表態越位。表態，是表明人們對某件事的基本態度，表態和一定的身分密切相關。超越了自己的身分，胡亂表態，不僅是不負責任的表現，而且也是無效的。對帶有實質性質問題的表態，應該是由老闆或主管授權才行，而有的人作為下屬，卻沒有做到這一點。上級主管沒有表態也沒有授權，他卻搶先表明態度，造成喧賓奪主之勢，這會陷主管於被動，這時，主管當然會很不高興。

工作越位。這裡面有時確有幾分奧妙，有的人不明白這一點，工作搶著做，實際上有些工作，本來由上司出現更合適，你卻搶先去做，從而造成工作越位，吃力不討好。

答問越位。這和表態的越位有相同之處。有些問題的答覆，往往需要有相對的權威。作為職員、下屬，明明沒有這種權威，卻要搶先答覆，會給主管造成工作中的干擾，也是不明智之舉。

場合越位。有些場合，如與客人應酬、參加宴會，也應適當突出主管。有的人作為下屬，張羅得過於積極，比如和客人認識，便搶先上前打招呼，不管主管在不在場。這樣顯示自己太多，顯示主管不夠，往往讓主管不高興。

在工作中，「越位」對上下級關係有很大影響。下屬的熱情過高，表現過於積極，會導致主管偏離「帥位」，大權旁落，無法實施主管的職責。因此，主管尤其是「武大郎」式的主管，往往會把這視為對自己權力的侵犯。

如果你是下屬，又時不時犯這樣的毛病，主管就會視你為「危險角色」，對你保持一定的警戒，甚至設法來「制裁」你。這時，即使你有意和主管配合，也為時已晚了，那傢伙已不願與你配合了。

千萬記住：不要做吃力不討好的事。

十、如何與你的主管共進午餐

你有跟主管一起吃午餐的經驗嗎？是輕鬆話家常抑或總是戰戰兢兢？職場如戰場，與主管一起共餐的短短幾十分鐘當然也包含了大大的學問！透過職場專家精闢獨到的見解，讓你在與主管午餐時，不僅吃得飽飽，也吃得聰明、吃得漂亮！

(一) 主管主動邀約吃午餐，該答應嗎？

職場專家一致表示：「當然要答應！」職場專家指出，既然來上班了，在工作時間內，你的時間跟人就算是公司的，遇到主管主動找你吃飯，有什麼好拒絕的？即使你認為主動找你吃飯的主管很討人厭、令你倒胃口，但仍應該要說服自己答應主管的邀約！這是為什麼呢？職場專家說，其實跟主管一起吃午餐，有以下兩個好處：一是可以藉此機會跟主管聯絡感情、樹立形象。二是可以進入公司核心內，趁機多了解公司內部事情。

因為平常大家在工作上各忙各的，很少有機會可以彼此了解、互相溝通；若能藉由吃一頓飯的機會多多交流，讓主管更了解你，不僅以後在工作上遇到摩擦時可以降低衝突外；更能提升自己在主管心目中的形象，日後若遇到升遷機會，你獲得提名的機會也會大幅增加。再者，吃一頓飯常免不了談點公事，而主管代表了公司高層，對於公司內部運作與人事布局較為清楚；若能和主管一起吃頓午餐，對於這些工作本分以外的事項，你才能有更清楚的了解與掌握！

(二) 不想與主管共餐，如何拒絕？

職場專家指出，主管主動邀約吃飯，最好還是答應比較好。但若你真的覺得主動約你吃飯的主管很令你倒胃口，你不想因為他打壞了你好好吃一頓午餐的心情；或是真的已有待做事項等著處理，或是早已與別人約好在先不得不拒絕的話，則另當別論。職場專家表示，此時若要拒絕主管的邀約，不是簡單一句：「我不去耶！」就可輕鬆帶過，當然更不可以說出「我並不想跟你一起吃午餐！」這樣「自找死路」的話來。

職場專家說，要巧妙的拒絕主管的邀約，應該要用委婉謙恭的態度向主管表示自己待會還有重要的公事等著處理。就算沒有重要的公事，只是自己真的不想跟這位主管一起吃飯，或是早已與心愛的人約好一起共用午餐時光，此時，「善意的謊言」是必要的。你可以用較正當的理由跟主管說：「不好意思，我身體不舒服沒有胃口，想多休息」，也可以說「抱歉！我已有約在先」，就是不能草率的拒絕主管邀請！因為這樣會讓主管覺得你是否不願意跟他一起吃飯，而產生過多不必要的聯想。

（三）主管借由午餐機會套話時，該怎麼應對？

職場專家送給大家八字箴言：「時時如戰、保持警戒」！專家說，有些主管因平時身處在高位，較不容易聽到下層員工的心聲，因此便會利用和員工一起吃飯的機會，趁員工心防較為鬆懈時問東問西、趁機套話。而身為員工，當然不能「傻到最高點」，主管套話時的語氣和表情，當然也要仔細觀察、小心應答；以免員工之間的「最高機密」被你這個大嘴巴全盤托出，小心以後不僅沒人敢跟你做朋友，甚至有可能排擠你、將你孤立喔！

專家指出，遇到喜歡向員工套話的主管，無非是想從員工身上得到某些想知道的訊息。而身為員工，千萬不要以為主管向你問話是想跟你交好，就什麼通通都講出來了。要知道，在應答之間，牽涉到你的「職場道德價值判斷」！一個聰穎的員工，一定要知道該說的就說，不該說的死也不能說，你可推託「這點我不清楚耶！」切記，不要隨便就道人長短，否則最後會發生什麼樣的結果，可就要自己負責了。

(四) 有問題想反應，要怎麼邀約主管共餐？

此時你應該先觀察主管的心情，確定他並沒有特別心煩或惱怒的時候，再主動向主管提出邀約較好。而向主管邀約一起吃午餐，可用比較輕鬆的口吻表示：「主管有沒有空，一起吃個飯吧！」或是「主管，我知道有家餐廳不錯，要不要一起去試試？」切記態度絕對要輕鬆、自然，不要讓人看出你另有用意；反正就算有別的目的也是等主管答應跟你一起吃飯時再找機會反應了。

不過，職場專家也表示，面對部分不喜歡拐彎抹角的主管，你也可以開宗明義的向他表示：「我有些事想找你商量，不知是否可以一起吃個飯？」或是「我工作上遇到一些瓶頸想向你請教，不如我們一起吃個飯聊聊好嗎？」通常聰慧的主管大多會答應邀約，因為員工也算是公司的資產，身為掌管這些資產的在上位者，當然也會願意多花心思與員工多了解、溝通了。

(五) 一群人跟主管一起吃飯，你該怎麼表現？

職場專家提到，碰到一群員工跟主管一起吃午餐的場合，有些人往往不知道是該吸引主管注意較好，還是低頭猛吃、什麼都不說比較好？其實，在一個群體中，總是會有幾個較為活潑、外向的人，能自在的將氣氛帶得活絡、輕鬆，也較能吸引主管的注意。如果你不是屬於這個類型的人，建議還是不要強出頭較好，以免講的笑話很冷沒人笑，或提的意見大家都不關心沒人應答，這時可就尷尬了！

不過專家也表示，當然也不是從頭到尾低頭猛吃悶不吭聲就行了！身處在公司這樣的大群體裡，當然也要適度表現自己的參與感，以免給人一種你很孤僻、冷漠的印象。你可以試著做個好觀眾，遇到有趣的場面時適時的拍手表示贊成，或是微笑以對，不需譁眾取寵，更不需搶著出風頭，適當的表現就是最好的禮貌了。

（六）群體共吃午餐要怎樣反應，才能上達天聽？

職場專家指出，除非你想反應的事項是大家都共同認定的弊端，提出來討論時大家都會舉雙手贊成的，否則給大家最好的建議是「找別的場合再說吧！」因為平時工作已經夠緊張忙碌了，難得大家有機會可以一起坐下來好好吃頓飯，在這樣輕鬆愉快的用餐時間裡，沒人喜歡還要繃緊神經聽你在那邊高談闊論、糾正缺失。而且就算你說的都是事實，一個有想法的主管，也不可能只聽你的片面之詞就相信；他一定會適當的評估狀況，做最合宜的拿捏，不會是你說的就算數了！

再者，有部分主管是極度不喜歡會「打小報告」的員工，因為這樣的員工只會為他「製造問題」，讓他在忙碌的工作之餘，還要分神去處理你所反應的事項，光憑這一點，可是會讓主管對你的評價大大的扣分的！除非是主管自己主動問起，否則最好不要自己開頭，也不要在其他員工面前開懷的暢所欲言、大肆批評，不然最後自己在員工的圈子裡是怎麼死的都不知道喔！

（七）與主管午餐必須注意的事項

專家提醒，跟主管吃飯也要有像在上班時的心情，主管問話就適當、小心的應答，不要隨便高談闊論，也不要講一些會讓人聽起來很不舒服的事情；更不要輕率的打斷主管的話語或是搶主管的風頭。

另外，要注意保持該有的微笑與禮節，在結帳時除非是各付各的單，否則最好還是要有「搶著掏錢買單的動作」；千萬不要自己吃飽屁股拍一拍就準備走人，把帳留給主管替你付（除非是大老闆說要請客）。專家指出，職場上的人際關係就像跳舞，不是他進你退、就是你進他退。時時提醒自己要隨時察言觀色並且謹言慎行，千萬別讓自己成為一個人見人厭的「職場討厭鬼」。

十一、遇上職場「賤人」

人與人之間，語言交流是少不了的，特別是職場交談中，談話技巧尤為重要，可是，有些談客卻令人厭煩，想躲避又躲避不了，不躲避又如同坐在針氈之上。如果處在此情此景之中，你該怎麼辦呢？

(一) 遇上「探人隱私」者

此類表現：任何人都有隱私。在每個人的內心深處，都有著一塊不希望被人侵犯的領地。可是有些人出於無知，或者出於獵奇，或者出於……每次和你見面，都要問你「年齡幾何？」「收入多少？」「夫妻感情如何？」等等讓人厭惡回答的話題。這種人雖然伶牙俐齒，巧舌如簧，但卻不知談話的要領忌諱。一般來說，一個尊重他人的人，如果知道某某事情是他人隱私，便不會去問。反過來說，知道是他人隱私，偏偏去詢問者，便是不懂得尊重他人的人。他們可能會傳播是非，可能會蜚短流長。

絕招：對探人隱私者要答非所問

遇到探人隱私者，不能有一說一，有二說二。對待探人隱私者，最好的法子是答非所問。如果他問你「誰是你晉級的後臺」，你就說「全託你的福」。如果他問你「獎金多少」，你就說「不比別人多」。如果他問你「如何追求女友的」，你就說「如果你感興趣，待我以後詳細告訴你」。總之，對於對方的提問，不是不答，但答非所問。這樣的話，既不會得罪對方，又不會讓對方得逞。

(二) 遇上「唉聲歎氣」者

此類表現：人處世上，不如意事十之八九。有些對前途悲觀的人、談話以我為主的人，往往將他們的不幸、苦惱和憂慮當作談話的主題。他們不斷的大訴苦水，接連的唉聲歎氣，使交談的人聽也不是，不聽也不是。如果仔細分析一下唉聲歎氣者所說的不如意之事，就會知道，這些事其實非常普通、並不那麼淒慘，但唉聲歎氣者卻將自己的境遇說得非常非常的嚴重。

絕招：對唉聲歎氣者要注入活力

與這種人進行交流，要給其注入活力。在唉聲歎氣者的心裡，他們並不認為自己的能力差、抱負小，相反，他們強烈的希望他人肯定其有著了不起的天賦、有著不尋常的水準。與他們進行交流，應該恰當的肯定他的特長，讚揚他的功績，給其注入蓬勃發展的活力。這樣的話，他們會對你非常親近，並且對你感激不盡的。

(三) 遇上「道人是非」者

此類表現：「來說是非者，便是是非人。」不要以為把他人是非告訴你的人便是你的朋友。道人是非者，既然在你面前說他人的壞處，自然也會在他人面前，說你的壞處。他們樂於道人是非，是妒心過盛的原因，他們心裡往往巴不得他人越來越倒楣，越來越困窘。聰明人與這類人交談，是不會推心置腹的。

絕招：對道人是非者要哼哈而過

遠離這種人的辦法，是對他說的任何是非話題都作出冷淡的反應，從而讓他知「錯」而退。對這種人，不要得罪。對他說的他人是非，又不能贊同。與其言語交流，哼哼哈哈，不失為一種好辦法。因為「哼」、「哈」是一種模糊語言，既會讓道人是非者感受到你的成熟，又讓他覺得這項話題無法再交流下去，從而中止談話，或者使談話朝著健康方向發展。某些情況下，可以說，「哼哈」是一種不可蔑視的處世學問。

(四) 遇上「喋喋不休」者

此類表現：人與人交談，人們往往討厭那種長篇大論跟你說個沒完沒了的人。有些人說得多，但卻說不好。他們會一口氣談論整整一個上午，他們會在一個上午談遍古今中外。他們不但天文地理能談，男女情事也能談。他們眉飛色舞，表情豐富。他們滔滔不絕，從不覺累。

絕招：對喋喋不休者要巧妙提問

遇到喋喋不休者，既不傷及對方感情，又讓對方少說的法子是巧妙提問。一是根據他說的話題提問一些難題，比如「導彈的燃料分子式是什麼？」「《水滸傳》這本書裡一共提到多少男的，多少女的？」等等，讓他不知怎麼回答。這樣一來，他就可以少說幾句，你也可以多說幾句啦。二是提問一些與當前話題無關的問題，如「打擾一下，現在幾點了？」「你的眼鏡好看，請問你戴得舒服嗎？」等等，這樣一來，對方會感到有點驚愕，從而停頓下來，使你騰出時間來做一些有益的事。

(五) 遇上「囉唆說教」者

此類表現：有些人喜歡對他人「諄諄教誨」。他說的十句話中，你可以找出「你應該」、「你必須」、「你不能」之類的詞語七八處。這種人往往自以為是，居高臨下，唯我獨能，盛氣凌人。在他的眼裡，眾人都是無知的幼兒，唯他是博學的教授。讓人感到其迂腐，認為其賣弄。囉唆說教者雖然令人生厭，但對你沒有壞處，而且有益。一是你可以吸取其中有益的說教；二是認認真真的傾聽，會使他覺得異常高興，這對增進情誼有好處。

絕招：對囉唆說教者要重於聆聽

因此，和他們交流，要重於聆聽。只要你沒有急需辦理的事項，不妨靜下心來，聽一聽，記一記。適時的重複一兩句他說的話語，或者就某個問題詢問一兩句。相信，這種做法，定會使你受到極大的益處。

(六) 遇上「自我炫耀」者

此類表現：有些人見到他人，一張嘴便是我人緣好，一出口便是我能耐大。明明自己是「一」，偏偏說成是「二」。聽者為此覺得臉紅，他卻不知羞。自我炫耀者既是個自卑者，又是個自負者。這種人常常外強中乾，其「吹牛」的目的只不過是為了引起大家對他的關注，以滿足自己的虛榮心。這種胡亂吹噓給人一種巧言令色、華而不實之感。和他們進行交流，正確的法子是用幽默風趣的話語作答。他嘴上說成「二」，內心還是以為是「一」的，對他說的大話，你不能加以肯定，肯定了他會以為你是個不可信之人；對他說的大話，你又不能加以駁斥，駁斥了他會以為你是個不可親之人。

絕招：對自我炫耀者要幽默風趣

正確的做法是幽默作答，似是而非，模模糊糊，嘻嘻笑笑，哈哈而過。

(七) 遇上「滅人志氣」者

此類表現：有些人，話語尖銳辛辣。從他嘴裡說出的話，好像一盆盆的冷水，不顧你是否接受，硬朝你頭上潑去。那個幹勁，非要把你心頭的自信火種澆滅不可。這種人往往是個頻頻失敗、萬念俱灰者，又是個把你瞧得一無是處、絕不如他者，還是個認定自己做不到，他人也做不到的自負者，往往也是個能言善辯卻「煢煢孑立、形影相弔」、周圍人敬而遠之者。與他交談，一味順承，會使他變本加厲。

絕招：對滅人志氣者要攻其痛處

一個合適的法子，是要抓住機會，攻其痛處 —— 他的歷史上的愚蠢、無能、可笑之處，或者他當前說的話語漏洞、用詞不當、邏輯錯誤，使他心中產生不快，從而使他推己及人，體會出他當前的錯誤舉動，管住他的嘴。

(八) 遇上「好鬥」者

此類表現：談得興高采烈時，可能會進來一位杠子頭或者別有用心者，對你橫挑鼻子豎挑眼，立刻使好好的交談氣氛充滿火藥味。此等人多認為自己高人一等，長你一籌，無所不通，無事不能，他自己以真理的化身自居，無論問題是西瓜之大，還是芝麻之小，他都會以誓死捍衛真理的氣概與你針鋒相對，氣勢咄咄逼人。這種人一旦對你懷有成見，就會處處跟你唱反調。遇到這種情況，很容易使你陷入頂撞式的辯論漩渦。

絕招：對好鬥者要句句真理

要想衝出漩渦，就必須使出強勁。這個強勁就是要做到使自己的每一句話都成為百攻不破的真理，並且還是簡單的真理，這樣對方就無法攻擊你了。用不了多長時間，「憋得難受」的對方就會主動「告退」。

（九）遇上「滿口假話」者

此類表現：社會上，有些人說起謊來好像一名出色的演員在舞臺上演戲那樣輕鬆自然，絲毫不會感到內疚。他們撒謊，大多沒有很大、很明確的目的。滿口假話者之所以滿口假話，可能是為了掩飾自己、標榜自己、美化自己，可能是覺得你的辨別能力很差，從而搖唇鼓舌，胡說亂扯。與這類人交流，對你是有害的。假話說出十遍，可能會使你覺得真的有那麼一回事。

絕招：對滿口假話者要糾正其一

與他們交流，應該懂得「攻其一點，崩潰全線」的策略戰術，抓住假話中的其中一項，滿有把握的提出反對意見。這樣一來，他就會覺得羞愧，那種神采飛揚的氣焰立刻就落下去。這種攻其一點的做法，既不會傷及其自尊心，又會讓其對自己的撒謊毛病有所改正。

（十）遇上「俗不可耐」者

此類表現：有些人為了給他人一個好的印象，便讓自己的話語裡堆滿華麗辭藻，亂用一些專業術語，顯得矯揉造作，華而不實；有些人日常說話粗魯不雅，廢話連連，囉哩囉唆，一味單調，某句話可以重十遍，某件事可以問九次；有些人說話無波瀾，無起伏，沒有搖曳多姿的神態，沒有引人入勝的話題，令你厭倦，這些都是俗不可耐的表現。他們多是知識面窄、社交能力差者，他們在自己人生經歷中，往往因此經常受到他人的譏笑，心中有了一種自卑感。他們熱切的希望提高自己的知識水準、社交能力。

絕招：對俗不可耐者要適當指教

和俗不可耐者交流，要進行適當指教。說出一兩句正確的做法、注意的事項，滿足他們的需求，但又不能過多指教，免得傷了他們的自尊心，觸及他們的自卑痛處。

當然啦，令人生厭的談客不止以上十種，上述交流方法也不能單純照搬。但有一項可以肯定，就是一個人的言談再令你反感，你也應該努力保持自己的良好交際形象。要記住，如果你能容納每一個人，你便是個超人。

十二、職場取勝的十大智慧

在眾多的職業女性中，不乏具有優雅幹練職業形象的麗人，抑或有出色工作技能的白領佳麗，不過這些職業麗人要想在職場中遊刃有餘，僅靠自己的個人形象的好壞以及個人工作成績的優劣，是完全不夠的！在注重個人內外兼修的同時，職業麗人們還應該善於經營人際關係，注意為人的口碑，確保自己可以在與同事交往中能夠遊刃有餘。

職場友誼，一個容易被人忽略的因素，在關鍵時候，可以給職業麗人一個成功的支點！下面就是一些穩固「支點」的要訣，相信這些內容會使你的人際關係被經營得更成功。

（一）融入同事的愛好之中

俗話說「趣味相投」，只有共同的愛好、興趣才能讓人走到一起。小紅所在公司大部分同事都是男性的，中午吃飯時的短暫休息時間，同事們往往會聚集在一起談天說地，可惜小紅總感覺到插不上嘴，起初的一段日子只能在旁邊遠聽。男同事們喜歡談論的話題無非集中在體育、股票上面，不過他們即使不懂時裝的流行趨勢，也不妨礙他們與女同事的交流。不過要想和這些男同事做好同事關係，首先得強迫自己去接受他們的一些感興和愛好。於是小紅每天開始都「有意識」的關注體育方面的消息和新聞，遇到合適機會甚至還和男同事們一起去看球。「現在有了共同話題後，和男同事相處容易多了；每次和他們閒聊的過程中，也會將自己在工作中的一些感受和他們進行交流，我們之間的工作友誼相互之間增進了不少」，小紅如是說。

（二）不隨意洩露個人隱私

同事的個人祕密，當然就是帶著些不可告人或者不願讓其他人知道的隱情；要是同事能將自己的隱私資訊告訴你，那只能說明同事對你是足夠的信任，你們之間的友誼肯定要超出別人一截，否則她不會將自己的私密全盤向你托出。要是同時在別人嘴中聽到了自己的私密被公開後曝光，不要說，她肯定認為是你出賣了她。被出賣的同事肯定會在心裡不止千遍的罵你，並為以前付出的友誼和信任感到後悔。因此，不隨意洩露個人隱私鞏固職業友情的基本要求，如果這一點做不好，恐怕沒有哪個同事敢和你推心置腹。

(三) 不要讓愛情「擋」道

宋佳和王彗是一對無話不談的好姐妹，兩人自工作以來，一直住在同一宿舍，每天一起上班、一起下班，幾乎到了形影不離的地步！一次偶然的機會，宋佳和王彗接觸到一個各方面條件優越、長得非常帥氣的男人，她們幾乎在同一時間，對這個男人都產生了好感！為了能和帥氣男人走得更近，宋佳和王彗突然像變了個人似的，她們不再是形影不離，而是單獨行動；後來，兩人為了此事，弄得反目成仇，多年的感情就此煙消雲散。顯然，愛情「擋住」了兩人的友情，從她們同時喜歡上那個帥氣男人開始，其實就宣布了她們多年的情誼就開始走向決裂。因此，作為職業女人的你，最好獨自去處理自己的情感生活，在愛情還沒有成熟前，即使最親密的朋友，也不要拖著一起去約會。否則，愛情將會成為友情的「絆腳石」。

(四) 閒聊應保持距離

在辦公之餘，同事之間相互在一起閒聊是一件很正常的事情；而許多人，特別是男同事在閒聊時，多半是為了在同事面前炫耀自己的知識面廣，同時向其他同事傳遞這樣一個資訊，那就是：你們熟悉的，我也熟悉；你們不熟悉的，我也熟悉！其實這些自詡什麼都知道的人知道的也不過是皮毛而已，大家只是互相心照不宣罷了。而作為女性的你，要是想滿足自己的好奇願望，來打破砂鍋的向對方發問的話，對方馬上就會露餡了，這樣閒聊的時間自然不會太長。這樣，不但會掃了大家的興趣，也會讓喜歡神「侃」的同事難堪；相信以後再閒聊的時候，同事們都會有意無意的避開你的。因此，筆者建議各位女性朋友，在任何場合下閒聊時，不求事事明白，問話適可而止，這樣同事們才會樂意接納你。

（五）遠離搬弄是非

「為什麼 ×× 總是和我作對？這傢伙真讓人煩！」、「×× 總是和我抬槓，不知道我哪裡得罪他了！」……辦公室裡常常會飄出這樣的蜚短流言；要知道這些蜚短流言是職場中的「軟刀子」，是一種殺傷性和破壞性很強的武器，這種傷害可以直接作用於人的心靈，它會讓受到傷害的人感到非常厭倦不堪。要是你非常熱衷於傳播一些挑撥離間的流言，至少你不要指望其他同事能熱衷於傾聽。經常性的搬弄是非，會讓公司上的其他同事對你產生一種避之唯恐不及的感覺。要是到了這種地步，相信你在這個公司的日子也不太好過，因為到那時已經沒有同事把你當一回事了。

（六）低調處理內部糾紛

在長時間的工作過程中，與同事產生一些小矛盾，那是很正常的。不過在處理這些矛盾的時候，要注意方法，盡量讓你們之間的矛盾公開激化。辦公場所也是公共場所，儘管同事之間會因工作而產生一些小摩擦，不過千萬要理性處理摩擦事件。不要表現出盛氣凌人的樣子，非要和同事做個了斷、分個勝負。退一步講，就算你有理，要是你得理不饒人的話，同事也會對你產生敬而遠之的，覺得你是個不給同事餘地、不給他人面子的人，以後也會在心中時刻提防你的，這樣你可能會失去一大批同事的支持。此外，被你攻擊的同事，將會對你懷恨在心，你的職涯又會多上一批「敵人」。

（七）切忌隨意伸手借錢

在同事們的印象當中，吳靜是一個大大咧咧的人，無論是關係很好的同事還是關係一般的同事，她都能隨便開口向他們借錢，有時同事的確身邊沒帶錢，吳靜就會當面埋怨同事不夠交情，覺得都是同事一場，借點錢都這麼困難，原來同事關係都只是表面功夫；而被借錢的同事認為覺得友誼出現了問題，甚至擔心自己的錢借給她會不會有去無回。特別是有一次，吳靜沒有如期將錢還給同事，同事立即對她產生了反感，認為吳靜作為同事，竟然和她玩這一招，簡直太過分了！而吳靜認為自己不能按時還錢，不是她的本意，同事之間遇到點困難，難道不應該伸手相援嗎？就是由於隨意借錢，而不及時還錢的毛病，讓吳靜很快在同事中間失去了人緣。因此，在萬不得已的情況下，我們切忌隨意向別人伸手借錢，即使借了錢，也一定要記得及時歸還。

（八）牢騷怨言要遠離嘴邊

不少人無論工作在什麼環境中，總是怒氣衝天、滿腹牢騷，總是逢人就大倒苦水，儘管偶爾一些推心置腹的訴苦可以構築出一點點辦公室友情的假象，但嘮叨不停會讓周圍的同事苦不堪言。也許你自己把發牢騷、倒苦水看做是與同事們真心交流的一種方式，不過過度的牢騷怨言，會讓同事們感到既然你對目前工作如此不滿，為何不跳槽，去另尋高就呢？

（九）得意之時莫張揚

每當自己工作有成績而受到上司表揚或者提升時，不少人往往會在上司沒有宣布的情況下，就在辦公室中飄飄然去四下招搖，或者故作神祕的對關係密切的同事細訴，一旦消息傳開來後，這些人肯定會招同事嫉妒，眼紅心恨，從而引來不必要的麻煩。當然，除了在得意之時，不要張揚外，即使在失意的時候，也不能在公開場合下來向其他人訴說種種上司的不對，甚至還要牽連其他同事也犯了同樣的錯誤怎麼不被懲罰，要是這樣的話，不但上司會厭煩你，同事們更加會對你惱怒，你以後在公司的日子肯定不好過。所以，無論在得意還是失意的時候，都不要過度張揚，否則只能給工作友誼帶來障礙。

（十）不私下向上司爭寵

要是當中有人喜好巴結上司，向上司爭寵的話，肯定會引起其他同事看不慣而影響同事之間的工作感情。要是真需要巴結上司的話，應盡量邀多人相約一起去巴結上司。而不要在私下做一些見不得人的小動作，讓同事懷疑你對友情的忠誠度，甚至還會懷疑你人格有問題，以後同事再和你相處時，就會下意識的提防你，因為他們會擔心平常對上司的抱怨會被你出賣，借著獻情報而爬上主管職位。一旦你被發現出賣了同事的話，那麼你們之間的友情宣告完蛋，就連其他想和你交朋友的人都不敢靠近你了。因此，不私下向上司爭寵，也是確保同事之間友誼長久的方式之一。

十三、職場不可不知的六大潛規則

與白紙黑字、大眾認可的規則不同，潛規則恰如擺不上桌面的小菜，從不會大鳴大放的寫在告示板上，卻需要你明心亮眼的默默參透，才能避免接二連三的尷尬糗事。

潛規則一：不要苛求百分百的公平

規則告訴我們要在公平公正的原則下做事，潛規則卻說不能苛求上司一碗水端平，尤其是老闆更有特權。

孫小明剛進公司做計畫部主管時，除了薪資，就沒享受過另類待遇。一個偶然的機會她得知行政主管趙平的手機費竟實報實銷，這讓她很不服氣！想那趙平天天坐在公司裡，從沒聽她用手機聯繫工作，憑什麼就能報通訊費？不行，她也要向老闆爭取！於是孫小明借彙報工作之機向老闆提出申請，老闆聽了很驚訝，說後勤人員不是都沒有通訊費嗎？「可是趙平就有呀！她的費用實報實銷，據說還不低呢。」老闆聽了沉吟道：「是嗎？我了解一下再說。」

這一了解就是兩個月，按說上司不回覆也就算了，而且孫小明每月才五百多塊錢的話費，爭來爭去也沒什麼意思。可是偏偏她就和趙平鬥上了，見老闆沒動靜，她又生氣又憤恨，終於忍不住和同事抱怨，卻被人家一語道破天機：「你知道趙平的手機費是怎麼回事？那是老闆小祕書的電話，只不過借了一下趙平的名字，免得當半個家的老闆娘查問。就你傻，竟然想用這事和老闆理論，不是找死嗎？」

孫小明嚇出一身冷汗，暗暗自責不懂深淺！怪不得老闆見了自己總皺眉頭！從此她再也不敢提手機費的事，看趙平的時候也不眼紅了。

場外提示：

一味追求公平往往不會有好結果，「追求真理」的正義使者也容易討人嫌，有時候，你所知道的表象，不一定能成為申訴的證據或理由，對此你不必憤憤不平，等你深入了解公司的運作文化，慢慢熟悉老闆的行事風格，也就能夠見怪不怪了。

潛規則二：莫和同事金錢往來

規則告訴我們同事間要互相說明團結友愛，潛規則卻說不是誰都可以當成借錢人。

一種叫做「同事」的人際關係，阻礙了職場裡的資金往來。

客戶主任 Sunny 就曾尷尬過。那次時值月底，正是她這種月光女神最難捱的痛苦時光，偏偏又趕上繳房租，阮囊羞澀的 Sunny 只好向同事 Lily 求助，第一次開口借錢，Lily 自然不好拒絕，很痛快的幫她解了燃眉之急，可是一萬塊錢也不是一時就能還清的，拮据的 Sunny 只好一次次厚著臉皮請人家寬限，最後一次，Lily 回答 Sunny 說不著急，前幾天給女兒繳鋼琴費倒是要用錢，不過我已經想了辦法。Sunny 沒心沒肺的連聲道謝，過後就被「好事者」指出其實人家是在暗示你還錢呢，再說了，你滿身名牌會還不起這一萬塊錢？誰信？話裡話外都在影射 Sunny 的賴帳。Sunny 心裡別提多麼不舒服了，第二天馬上找到同學拆牆補洞，才算暫把這一層羞給遮住，至於日後是否留下不良口碑，Sunny 卻是想也不敢想了。

場外提示：

的確，這年頭本末倒置，欠帳的是老大，賒帳的是孫子呢！「同事」是以賺錢和事業為目的走到一起的革命戰友，儘管比陌生人多一份暖，但終究不像朋友有著互相幫襯的道義，離開了辦公室這一畝三分地，還不是各自散去奔東西。

所以如果不想和同事的關係錯位或變味，就不要和同事借錢。

潛規則三：閒聊天也要避開上司的軟肋

規則告訴我們「言及莫論人非」，潛規則將其深化成「言及莫論人」，因為少了一個「非」字，也就少了失言的機會。

總公司的市場經理 MONICA 初次來辦事處指導工作，中午請部門同事一起吃飯，席間談起一位剛剛離職的副總王琳，入職不久的 LINDA 說王琳脾氣不好，很難相處。MONICA 說是嗎，是不是她的工作壓力太大造成心情不好？ LINDA 說我看不是，三十多歲的女人嫁不出去，既沒結婚也沒男朋友，老處女都是這樣心理變態。

聞聽此言，剛才還爭相發言的人都閉上了嘴巴。因為，除了LINDA，那些在座的老員工可都知道：MONICA也是待字閨中的老女孩！好在一位同事及時扭轉話題，才抹去MONICA隱隱的難堪，而事後得知真相的LINDA則為這句話後悔萬分。

場外提示：

都說言多必失，可言少也不一定沒有失誤，如果在錯誤的時間錯誤的地點和錯誤的對象說了一句涉及具體人事的大實話，那後果真的堪比失言。

潛規則四：不要得罪平庸的同事

規則告訴我們努力敬業的同事值得尊重和學習，潛規則卻拓寬了「努力」與「敬業」的特例，說懶散閒在的同事也不能得罪。

原以為外商公司的人各個精明強幹，誰知過關斬將的魏瑩拿到門票進來一看，哈哈！不過如此：櫃檯祕書整天忙著時裝秀，銷售部的小張天天晚來早走，三個月了也沒見他拿回一個單子，還有統計員秀秀，整個吃閒飯的，每天的工作只有一件：統計全廠兩百多個員工的午餐成本。天！魏瑩驚歎：沒想到進入了E時代，竟還有如此的閒人。

那天去行政部找阿玲領文具，小張陪著秀秀也來領，最後就剩了一個資料夾，魏瑩笑著搶過說先來先得。秀秀可不高興了，她說你剛來哪有那麼多的檔案要放？魏瑩不服氣，「你有？每天做一張報表就什麼也不做了，你又有什麼檔案？」一聽這話秀秀立即拉長了臉，阿玲連忙打圓場，從魏瑩懷裡搶過資料夾遞給了秀秀。

魏瑩氣憤的回到座位上，小張端著一杯茶悠閒的進來：「怎麼了，有什麼不服氣的？我要是告訴你秀秀她小姨每年給我們公司兩千五百萬的生意……」然後打著呵欠走了。

下午，阿玲給魏瑩送來一個新的資料夾，並向魏瑩道歉，她說她得罪不起秀秀，那是老闆眼裡的紅人，也不敢得罪小張，因為他有廣泛的社會關係，不少部門都得請他幫忙呢，況且人家每年都能拿到幾次政府標案大單。魏瑩說那你就得罪我吧，阿玲嚇得連連擺手：不敢不敢，在這裡我誰也得罪不起呀。

魏瑩聽了，半天說不出話來。

場外提示：

其實稍動腦筋魏瑩就會明白：老闆不是傻瓜，絕不會平白無故的讓人白領薪資，那些看似遊手好閒的平庸同事，說不定擔當著救火隊員的光榮任務，關鍵時刻，老闆還需要他們往前衝呢。所以，千萬別和他們過不去，實際上你也得罪不起。

潛規則五：給上司預留指導的空間

規則告訴我們升遷加薪需要自己努力工作靠真實才幹獲得，潛規則卻說做事要多請示上司，功勞要想著分給上司一半，莫要埋沒主管的支持和指導。

人力資源專員袁曉敏入職三年，能幹又努力，工作認真，做事漂亮，人緣佳，但奇怪的是儘管工作出色，可仍舊原地踏步，難上青雲，倒是那些不如她的同事卻接二連三的升了職。

沒錯，她袁曉敏是能幹，但上司就是不喜歡她。為什麼？在小節上從不顧及上司感受：比如每次開會老闆都指定袁曉敏做會議記錄，袁曉敏整理出來後從來不會讓直接主管李虹過目就直接上交老闆，因為老闆誇她有生花的文案整理功夫呀；她幫其他的部門做事，從不事先請示李虹是否還有更重要的工作分配她做，就自行接下，也不管這事會不會留下什麼隱患，所以她是得到了好口碑，李虹倒顯得有些小氣。部門要買個投影機，李虹讓她詢價做性價比，然後準備購買一臺，袁曉敏拿到供應商資料後多方比較，自作主張就訂了貨，還對李虹說出一大串理由，好像她做事是多麼的圓滿。

在看到又一個同事加薪升遷後，袁曉敏歎道：唉，上司真是瞎了眼了。

場外提示：

其實上司一點也不瞎，人家心裡寬敞著呢。不管你承認不承認，那些表現出色，從不出事，也不需要老闆來指點的人，並不一定能得到重用和認可，甚至上司並不喜歡，因為面對你的完美，上司無法發揮他的指導，無法顯示他的才幹，而你也就不會和進步或改正什麼的詞掛鉤，這時候，完美就是你的缺點；倒是那些大錯不犯小錯不斷又喜歡和上司接近的人卻容易獲得更多的機會，因為他給老闆預留了發揮的空間，讓上司很有成就感，即便日後升了職也會被驕傲的冠名為「我培養出來的」。有時候，滿足一下上司的虛榮心也算劍走偏鋒的一招。

潛規則六：用腦子聽話

規則告訴我們要用耳朵聽話，用嘴巴溝通，潛規則卻說要用腦子聽話，用眼神溝通。

劉婷是行政部職員，初來乍到，一身稚氣，不知公司兩位高層徐副總和王副總是面和心不和，徐副總同意的事，王副總有意見，反之亦然。公司不大，所以行政部有時候也兼做些類似祕書的工作。那次給老闆寫年終報表分析，王副總讓劉婷先按他設計的表格做報告，過兩天徐副總問劉婷有沒有什麼格式，劉婷就把給王副總那份報告給了他參考，此舉讓王副總非常不快，嘴上沒說什麼，卻冷冷的把劉婷叫進來讓她按自己的思路重新設計表格、重新做報表，還開玩笑般態度一般的加了一句「這可是有智慧財產權的，要保密喲」，鬧得劉婷一頭霧水。後經資深高人點化，才知原來二總相爭已非一日，大到爭權爭利爭人緣，小到爭外出公車的品牌，都要顯出個人的身價。所以身為他們的下屬，一定要口風嚴謹，都不能得罪，徐副總的話沒錯，王副總的意見也沒錯，這時候你不光要用耳朵，還要用腦子。

劉婷這才知道自己碰到了只可意會不可言傳的事，暗歎公司的運作與生存藝術實在不同凡響，身為下屬向左走還是向右走，就看腦子做出的判斷對不對了。

趙麗麗是王副總的的小表妹，那次在給客戶做培訓時不小心砸壞一個價值四萬元的機器，當著徐副總的面前，王副總皺著眉頭嚴厲的對劉婷說：要查，要按公司規定罰款，絕不能敷衍了事。劉婷這次可學乖了，先是查找能夠遵循的公司制度，然後給行政部出了個方案：扣發一個月獎金。獎金嘛，一個月不到四千塊，當然比不上四萬元的機器錢。劉婷執行的方案是：非故意損壞的要酌情懲罰，情節嚴重的要照價賠償。人家趙麗麗把機器弄壞的時候，可是哭得梨花帶雨，這誰都看見了，這怎麼也不能說是情節嚴重吧，所以劉婷就建議酌情懲罰了。

事後王副總也追問劉婷的解決方案，還打著官腔問懲罰力度是不是不夠，劉婷巧妙的述說了上述理由，王副總沒再說話，揮揮手讓劉婷走了，不過接下來的日子，和劉婷說話的時候總是那麼和顏悅色，讓她感到特別的舒服。

場外提示：

潛規則暗示了公司的一種潛在文化和行事規則，往往只有老員工們才能深刻領會。如果對此尚不了解，那麼不妨多請教資深同事，同時記住：你既不能把自己的上司不當回事，也不能把他們的話真正當回事，執行起來也得有彈性，有時你的確需要裝糊塗。

遵守潛規則的必備素養：

* 懂得上司的心理和行事習慣；

* 熟悉公司文化和運作方式；

* 懂得難得糊塗的拿捏尺度。

第六章
把握好時機，才會成就自己

一、大學生求職必備

對於即將涉入職場的大學畢業生來說，在就業壓力與日俱增的今天，如果不了解相關政策，沒有充分的心理準備，缺乏求職技能和求職權益保障，會相對的降低求職成功率。在此提醒各位朋友，打有準備的仗，才能在眾多求職者中脫穎而出。

心理篇

面對嚴峻的就業形勢，面對眾多的競爭對手，大學畢業生要想獲得找工作的成功，沒有充分的心理準備，沒有良好的競技狀態是不行的。因此，大學畢業生應該調整心態，以積極向上的心態面對求職戰場。

（一）大膽出招 —— 有的畢業生缺乏心理承受能力，一走進就業市場就心裡發悚。這種不戰而敗的心理障礙是走向成功的大敵，在即將邁進就業市場時，一定要敢於出招，大膽出招，這是獲得一份好職業的前提。

（二）目光平實 —— 也許你在找工作時具備種種優勢，如成績優秀，學校牌子硬，專業需求旺，因而找工作眼光很高。但是在這種情況下，往往由於對自己的優勢估計過高，對缺點和困難估計不足而受挫。

（三）當斷則斷 —— 錯過機遇，往往與成功失之交臂。在找工作過程中，最忌當斷不斷，患得患失，這山望著那山高，這種心理障礙會導致你陷入找工作盲點而錯失良機。

（四）心態平衡 —— 大學生求職多少都要碰壁，在多次求職、多次失敗面前，一定要保持良好的心態，相信「天無絕人之路」「條條大道通羅馬」。

戰術篇

制訂一些另類求職「戰術」可能會提高你的成功機率。

戰術一：吸引對方「眼球」

如果你在眾多循規蹈矩的求職者中，不能顯現出自己的特長，不被人重視時，不妨另闢蹊徑，耍些小聰明，反其道而行之，以此吸引老闆的注意，這樣你或許會有意想不到的收穫。

戰術二：敢於說「壞話」

通常情況下，求職面試總是要說恭維話，以引起對方的好感而達到求職的目的。但如能指出對方的不足之處，且令對方心服口服，常常也能達到成功求職的目的。

戰術三：免費打工

面對越來越善於自我包裝、越來越會作「秀」的求職大軍，許多用人公司也是心存疑慮，只有親眼所見才能相信你的才能。如果你真是一個人才，不妨在面試時請求對方為你提供一個「義務」打工的機會，主考官或許會對這種求職方法感興趣而同意讓你表現表現自己，一時的「免費」試用也許會給你帶來長久的收益。

戰術四：先入為主

如果在應聘過程中，看到和自己專業不對口的工作，你怎麼辦？千萬別轉頭就走。如果你喜歡並適合這份工作，不妨在與面試官對話中，充分展示你這方面的才能，讓他相信你具備勝任這項工作的能力。

戰術五：察言觀色

如何看懂招聘方「臉色」，也是求職場上不可忽視的一項能力。因為對方在與你交談互通的過程中，他的神態和舉止也相對的流露了他的意圖。想真正解讀出對方的意圖，有時不能只聽他說了哪些話，更重要的是看他如何表述這些話。

提醒：這些求職技能需要求職者盡量多到求職場上「實戰」演練，才能更好的把握運用。

二、做你擅長的，選擇你喜歡的

什麼是野心？就是身處較低位置卻有著更高的追求，一個沒有追求的人其職涯很難有大的成就，做事敷衍、得過且過，既有職業素養低下的原因，也是對自己的前途沒有「野心」的展現。野心不是這山望著那山高，不是時刻準備跳槽，恰恰相反，如果你準備在工作上有所發展，就必須表現出十二分的忠誠。如果我們以打工的起點為圓心，野心就是半徑，成就是圓的面積，半徑有多長，這個圓就有多大。

職業方向和具體的服務公司決定一個人職涯的高度。做自己擅長的事情更有可能脫穎而出；選擇一個有發展前途的公司，水漲船高，你的前途才更光明。既不要盲求熱門職業，也不必專挑大公司。一句話，職業看適合，公司看發展，選擇看眼光。

(一) 認清自己，定位自己

一個人是否真正認識自己，展現在打工生涯中的關鍵就是定位問題。個人定位是一個很主觀的過程，即使打工者有正確的觀念和方法，仍然容易出錯。定位的錯誤將導致職涯的失敗，因此，我們必須理解定位中各種可能的錯誤，這就是定位的盲點。

個人定位中，以為憑藉自己特定的能力、素養、專長、吃苦等要素就可以獲得成功，就是走進了「專業」的盲點。比如你學的是地質外語，這是一個十分冷僻的專業。大學畢業之後，你不願意放棄自己的專業，做普通的翻譯，因此就繼續就讀研究生，以為自己水準提高之後，就會從事自己的專業。畢業之後，依然是很失望，還是沒有合適的職位。

個人市場需要的是專才。多才的打工者就是試圖滿足所有的需求，這種定位在賣方市場階段還是可行的，一物多用。現在你能夠找到這樣的工作職位嗎？通才並不是沒有，但已經越來越少，越來越沒有市場了。事實上，特定的職位都要求一定的專業知識與技能，使用的也是特定的專業知識與技能，你多餘的能力只會干擾你的成功。可見多才也能使你走進盲點。

跟錯人是最大的定位盲點，你跟著一個人出外打工，而此人不是一個正經的務工人員，多以坑蒙拐騙賺錢。你跟著這樣的人混，遲早會出事。

一個人既希望過平靜的生活，又選擇動盪的職業，這就是矛盾。矛盾的定位會導致激烈的衝突，這也是定位的一大盲點。

作為一名打工者，怎樣才能在職涯的座標上定好位呢？具體說來，應該在以下三個要素上認清自己。

首先是興趣。興趣是事業的成功之母，興趣廣泛，能夠使我們感受到生活的「七色陽光」，增添生活的樂趣。生活猶如大海，有時波浪濤天，有時風平浪靜；有時是陽光明媚的晴天，有時又是布滿陰雲的雨夜。在生活的旅途中，有一些興趣愛好，可以放鬆自己，達到調劑精神的作用。我們應當注意到自己的職業興趣，一名打工者對某種職業感興趣，就會對該種職業活動表現出肯定的態度，並積極思考、探索和追求。

職業興趣總是以社會的職業需要為基礎，並在一定的學習與教育條件下形成和發展起來，是可以培養的。雖然某種職業興趣一經形成，具有一定的穩定性，但根據實際需要，還是可以透過多種途徑，加上自己的努力去改變、發展和培養的。

其次是氣質。氣質事業適應的晴雨表，每種氣質類型也有其較為適應的職業範圍。在適應性職業領域，每種氣質類型的人能發揮其優點，避免其缺點。氣質會影響人活動的特點、方式和效率，所以一定的職業活動的順利進行，要求從事者必須具有某些氣質特徵。如軍事指揮、外交人員需要控制情緒的興奮性，表情不外露。而演員、營業員、推銷員則更需熱情奔放、情緒舒展、笑口常開。氣質使人在心理活動和行為方式上具有獨特色彩，但它並不標誌一個人智力發展水準和道德水準，更不能決定一個人的社會價值和成就前途。每種氣質類型都各有優缺點。如多血質思維靈活、反應迅速、好交際、敏感，但易變浮動、急躁不穩。膽汁質直率熱情、精力旺盛，但失之魯莽、惶於衝動、準確性差。黏液質的安靜沉穩、自制忍耐，但反應緩慢、朝氣不足。憂鬱質的細膩深刻、踏實細緻，但多愁善感、孤僻遲緩。在社會工作中，不同的職業，自然都需要這些氣質的人，但對一個打工者而言，應當對號入座，你的氣質應適應於你的職業，只有這樣，你才能在工作中有所成就，有所發展。

第三是性格。性格決定著個人的命運。人們說，秉性暴烈的人，跟人打交道的職業做不了；性格深沉的人，適合做科研；性格溫和的人，最適於當培養幼苗的園丁。那麼，什麼叫性格呢？

它是你對現實的一種穩固的態度以及與之相適應的習慣了的行為方式。它不僅表現在對人、對自己的態度上，同時也表現在對職涯的選擇和態度上。開朗、活潑、熱情、溫和的性格，一般較適合從事演藝娛樂、新聞系統、服務行業以及其他同社會與人群交往較多的行業；多疑、好問、深沉、嚴謹的性格，比較適合於從事科研、教學方面的職業活動；做事馬馬虎虎的人，顯然不適合做需要特別細心的外科醫生；當一名職業軍人，勇敢、沉著、果斷與堅定則是必不可少的性格。

你的性格與你是否能適應某種職業有著很大的關係。如果你從事的職業與你的性格相適應，你工作起來就會感到得心應手，心情舒暢，也就容易在工作中取得成就。如果你的性格特點與你所從事的職業不相適應，這種性格就會阻礙你工作任務的完成。

(二) 選對職業和公司

日本把職業稱為「永業」，就表示職業的長期性，希望職業是持續的。找工作需遵循以下幾個原則：一按需找工作；二發揮特長；三遵從興趣；四權衡利弊；五長遠策略。

一個人走上社會時的第一個找工作選擇是十分重要的。也許客觀存在會影響你的一輩子。也許你可以說，當我在某一個行業做得不願做了，再換個行業不就解決了嗎？也許你可以做到，而絕大部分人是做不到的，因為一個人在某一行業工作久了，時間一長可能就習慣了，加上年紀一大，家庭負擔更重，便會失去轉行時面對新行業的勇氣；因為轉行就得從頭學習，重新開始，同時又怕影響自己和家庭的生活，另外，有些人心志磨損，只好做一天算一天；有時還會扯上人情的牽絆、恩怨的糾葛，種種複雜的原因，讓你真是感到「人在江湖，身不由己」！

那為什麼要建議提醒你「千萬別入錯行」呢？理由主要如下：

第一，要找個自己真正喜歡的工作 —— 找工作可不像穿衣服，可以隨便找件穿上，今天穿了明天再換；何況現代人穿衣也很講究呢！工作是一個人一輩子的大事，直接影響著自己的一生。因此找工作要睜亮眼，把定心，找個適合自己的工作，找你喜歡的工作，找個有發展前途的工作，千萬不要因為一時找不到工作、怕人恥笑而勉強去做自己根本不喜歡的工作！

第二，轉行並不容易 —— 找工作可不像進入超市選擇商品，你想要什麼就拿什麼。當你放棄以前的工作去找新的工作時，新的老闆會考慮你以前有無相關的經驗，你以前的業績等。當你以前做的與想要尋找的工作毫不相干時，你就失去了一種優勢。再說，人總是有惰性的，即使你不喜歡某一工作，做了一、二個月之後，也許你習慣了，你就會被這種天生的惰性套牢，不想再換工作了，日復一日，不覺得三年五載已經過去，到你真正做不下去而想轉行時，那就真正很難了。

第三，千萬不要涉入非法行業 —— 一個人如果真的入錯了行，但只要從事正業，這也可以維持。但有些行業是法律所不容忍的，它們是人生的陷阱與深淵，千萬不能掉入，否則你很難脫身，只有斷送自己的生命。既然如此，那為什麼有些人還要從事這些不法行業呢？因為這種行業可能會讓你致富，而且不那麼艱難。但事實上，一旦你進入這些黑行業，你就是在刀口上行走，你就面臨著員警的追緝、法律的制裁、同行的陷害，不吃牢飯不送命，也要被人看不起。浪子回頭金不換，談何容易，有些人因為黑飯吃慣了，最後還是回到本行……當你面臨這些誘惑時，千萬要腦清目明呀！

第四，良機不可失，歲月不饒人 —— 當你確實發現自己真的「入錯行」，並有心轉行時，那就尋找新的良機，一旦找到機會，就當機立斷，鐵了心，毅然轉行，並在新的行業裡重新開始，立志有所作為。那種明知自己入錯了行，又前怕狼後怕虎的人，只能是徒自空歎，虛度一生！

在找工作時有一個理論叫路徑依賴理論，它的內容是這樣的：一項工作一旦啟動，就如同火車衝上了路軌，很難停下和變換，具有很強的依賴性。所以，我們在選擇衝上軌道之前，我們的車廂上應當有非常好的貨物：優秀的特質、良好的修養、扎實的技術、堅實的本領……這樣，我們就可以充滿自信的上路了。

只是選對職業不能保證你一定成功，成功的另一個關鍵是在你所服務的公司裡是否有你足夠的上升空間。在一個公司裡能夠步步高升，實力只是其中一個相當重要的因素，但不是唯一的因素，因此千萬不要認為自己進入了一個自己喜歡、擅長的行業就會一帆風順，必須充分考量你所進入的公司給自己留下多大的空間。

第一，公司本身是不是有發展前途。如果限制公司發展的負面因素過多，沒有發展潛力甚至不能維持現狀，即使你能做到總裁又有什麼意思？

第二，不一定非要去規模大、知名度高的公司。這樣的公司好處是起點高、待遇優厚，但一個相對成熟的公司其用人機制往往不太靈活，而且往往人才濟濟，競爭激烈，脫穎而出的機會自然少得多。相反，如果一開始選擇一個相對弱小的公司，就更容易施展才能。

第三，老闆的用人傾向是否契合自己也很關鍵。比如：老闆喜歡任人唯親，七大姑八大姨占據了公司的重要部門，你作為外人就很難得到信任。還有的老闆對人才特點有明顯的喜好，或能說會道者，或敢想敢做者，或穩重謹慎者，或對相貌有獨特的選擇，而你如果與他的喜好正好相反，那就不如早早乖乖的換個地方。

這幾條並不全面，現實總是更加複雜和充滿變數，總之，打工者在選擇職業和服務對象時要根據自己和對方的情況詳加考慮，慎做決定。

因為，這關係到你職涯的高度 —— 能不能、什麼時候問鼎總裁（或高級管理人員）的寶座。

三、時刻準備著向前再邁出一步

任何大人物，其職涯中大都有身在低處的經歷，他們之所以能達到別人望塵莫及的高度，就是因為他們身在低處時，心卻未在低處。他們時刻清楚，自己是為了夢想而工作。

（一）當你處於金字塔的底層

一個人告別學校，步入社會，算作真正離開母體，才開始真正的人生歷險。

如果你沒有特殊的背景，走入社會後的第一步就是 —— 打工，而且要從最底層開始做起。一般人在這個人生的第一個羆型期會感到不適應，本來嘛，在學校裡，社會上所發生的一切只是你評判的對象，現在，你要置身其中，與那些你曾經那麼強烈的喜愛、反對、厭惡當然還曾漠視過的人和事為伍，與他們一起呼吸，共同生活，你首先會失去一段客觀評價他們的距離，然後你會失去一份平常心，你會看到那麼多的事情不順眼，你會感覺到從未有過的壓力，你會體會到一個打工者的卑微和無奈……

也許有人說，那有什麼關係，如今的社會如此開放，機會如此之多，我可以選擇嘛。

是的，你可以選擇，但正是由於有這種可以選擇的心態 —— 又沒加薪，偶然的一次額外的加班，最近有點累，受到了一次不公平的對待，與同事或上司一次小小的誤會，工作偶然的不順心都可以成為你重新選擇的理由。於是我們看到，你不停的在 A、B、C……公司之間跳來跳去，十分瀟灑的使用自己重新選擇的權力。但是，幾年之後，你仍是一名最低級的職員，哪怕在一間規模較小的公司裡，哪怕是你曾經極端藐視的小小的部門主管，對你來說仍然有緣無分。

如果把一個公司所有打工人員的構成比喻為一座金字塔，高高在上居於塔尖的是總經理，俯在塔底、默默耕耘、人數眾多、支撐著塔身的是公司中最為普通的職員。如果你剛剛走上社會，你最容易關注到塔尖上榮光無限的老闆們，而常常忽視了這些老闆從塔底爬向塔頂的過程。

事實上，無論是誰，包括這些叱吒風雲的商場菁英都有一個在最低層逐漸適應的過程。但是，誰能盡量縮短這個適應期，正視自己，盡快調整好自己的心態，誰就能脫穎而出。

李嘉誠是如今亞洲首富，他也早已完成了從打工者到老闆的跨越，但我們從他早期經歷仍然能隱約看到一個勤勉、誠實、踏實肯做、愛動腦子的打工者形象。李嘉誠十幾歲時就為生活所迫，早早走上社會，他從學徒開始做，幾年之中都是作為一個打工者在努力經營著自己，一步一腳印，二十幾歲的他已經是一家工廠的業務經理了。現在不會有人否認李嘉誠是世界上最成功的老闆之一，就像當年同樣不會有人否認他是香港最好的業務經理、最好的業務員和最好的學徒一樣。

不同的人有不一樣的機遇和不一樣的成功。但有一點是一樣的：走好你的第一步，只有這樣，你才能在人生的階梯上步步升高，直至頂點。

(二) 不要總想著報酬、待遇

有的人剛進入一間新公司，業務還沒有熟悉，就開始盯著誰誰比自己的薪資高，誰誰這個月比自己多領了獎金。這是一種沒有進取心的表現。

在他們的眼中，薪水是自己身價的標誌，絕不能低於別人。他們的「理想遠大」，剛出校門就希望自己成為年薪幾十萬元的總經理；剛創業，就期待自己能像比爾蓋茲一樣富甲一方，他們只知向老闆索取高額薪資，卻不知自己能做些什麼，更不懂得從小事做起，實實在在的前進。

只為薪水而工作讓很多人缺乏更高的目標和更強勁的動力，也讓職場上出現了幾種不正常的現象：

・應付工作。他們認為公司付給自己的薪水太微薄，他們有權以敷衍塞責來報復。他們工作時缺乏熱情，以應付的態度對待一切，能偷懶就偷懶，能逃避就逃避，以此來表示對老闆的抱怨。他們工作反反是為了對得起這份薪資，而從來沒想過這會與自己的前途有何聯繫，老闆會有什麼想法。

・到處兼職。為了補償心理的不滿足，他們到處兼職，一人身兼二職、三職，甚至數職，多種角度不停的轉換，長期處於疲勞狀態，工作不出色，能力也無法提高，最終謀生的路子越走越窄。

・時刻準備跳槽。他們抱有這樣的想法：現在的工作只是跳板，時刻準備著跳到薪水更好的公司。但事實上，很大一部分人不但沒有越跳越高，反而因為頻繁的換工作，公司因怕洩露機密等原因，不敢對他們委以重任。由於他們過於熱衷「跳槽」，對工作三心二意，很容易失去上司的信任。

所以，一個人若只是專為薪資而工作，把工作當成解決麵包問題的一種手段，而缺乏更高遠的目光，最終受欺騙的可能就是你自己。在斤斤計較薪水的同時，失去了寶貴的經驗，難得的訓練，能力的提高。這一切較之金錢更有價值。

而且相信誰都清楚，在公司提升員工的標準中，員工的能力及其所做出的努力占很大的比例。沒有一個老闆不願意得到一個能幹的員工。只要你是一位努力盡職的員工，總會有提升的一日。

所以，你永遠不要驚異某個薪水微薄的同事，忽然提升到重要位置。若說其中有奇妙，那就是他們在開始工作的時候 —— 得到的與你相同，甚至比你還少的微薄薪水的時候，付出了比你多一倍甚至幾倍的切實的努力，正所謂「不計報酬，報酬更多」。

假如你想成功，對於自己的工作，最起碼應該這樣想：投入職業界，我是為了生活，更是為了自己的未來而工作。薪資的多與少永遠不是我工作的終極目標，對我來說，那只是一個極微小的問題。我所看的是，我可以因工作獲得大量知識和經驗，以及踏進成功者行列的各種機會，這才是有極大價值的酬報。

事實證明，如果你不計報酬、任勞任怨、努力工作，付出遠比你獲得的報酬更多、更好，那麼，你不僅表現了你樂於提供服務的美德，還因此發展了一種不同尋常的技巧和能力，這將使你擺脫任何不利的環境，無往而不勝。

(三) 站在追求的高度

所以說，我們要站得高就要看得遠，也就是高瞻遠矚。

從遠端目標高瞻遠矚的往下看，眼前的困難變得微不足道；以同樣的觀點，你會發現很容易定下更高的目標，也對自己提高要求，更經得起挫敗。你了解到今天的鍛鍊對你的成功是多麼必要，你就會泰然處之，它們是來日成大器的墊腳石。

因此，在沒有十足把握前，不要聲張你將成為公司主管。私下竊喜和真誠的虛名於你無益，就地進行成功形象的累積，才能有所幫助。

要求一名打工者能夠站得高一點看，這不只是注意儀表、守時、完成配額工作。而是一旦了解到自己正如此做時，不動聲色的讓你的頂頭上司無畏於你，因為你覬覦的目標，遠在他們的地位之上。

一個人的追求是高尚還是平庸，這對他的職涯甚至一生來說有著至關重要的影響。

如果一個人的追求是高尚的，那麼，從他高尚追求變化現實的過程中，就必然會創造出一個個輝煌的業績了，而把這些輝煌的業績聚集在一起，便可以使人生放出燦爛的光輝。在歷史上，有無數的仁人志士，他們追求科學、追求真理、追求光明、追求繁榮昌盛，伴隨著這些追求的實現，無不留下了不同凡響的業績。與此同時，他們的光輝名字也永遠刻在了歷史的豐碑上。例如畢昇本是一個印刷工人，但他熱愛科學，勇於創造，終於克服了重重困難。

人人都渴望成功，但並非人人都已有成功。縱然有人已有成功，但成功有時也會成為人前進的包袱。在取得一定的成功之後，要想繼續前進，就必須確定新的奮鬥目標，去獲取新的成功。

比較一下高尚的追求與平庸的追求對人生的影響，所能提出的結論是非常清楚的：要想避免灰暗的人生而贏得輝煌的人生，就必須執著於高尚的追求，至於那些平庸的追求，則應當毫無吝惜的將它拋到九霄雲外去。

年輕時從事各種工作的最大目的，可以視作是為了尋找交往一生的對象。雖說認識他人是為了掌握眼前的工作，但其實是為了長期性的利益著想。你的目的在於尋找有朝一日希望完成某事時，願意伸手協助你的對象。在目前的工作領域中一邊摸索，「和此人可以一生合作下去」，一邊相互建築著這樣的伴侶。

年輕上班族萬萬不可逃避的便是這種作業過程。為了準備隨時戰鬥，你務必預先召集援軍。如想盡可能儲備優秀的部下，你就必須不斷重複著和每一個人認真交往的步驟。

(四) 從現在開始培養自己的自制力

做事需要有策略眼光，必須小處著手，大處著眼，只有這樣，所有的小事才都指向大的目標。而策略眼光的培養，需有策略家的一項基本素養，那就是需有很強的自制力。

一個人要成就大的事業，不能隨心所欲、感情用事，對自己的言行應有所克制，這樣才能使錯誤、缺點得到抑制，不致鑄成大錯。高爾基說：「哪怕是對自己的一點小的克制，也會使人變得強而有力。」德國詩人歌德說：「誰若遊戲人生，他就一事無成，不能主宰自己，永遠是一個奴隸。」要主宰自己，必須對自己有所約束，有所克制。

自制能力是在日常生活中和工作中，善於控制自己情緒和約束自己言行的一種能力。一個意志堅強的人是能夠自動控制和調節自己言行的。

一個想要有所成就的人如果缺乏自制力，就等於失去了方向盤和剎車，必然會「越軌」或「出格」，甚至「撞車」，「翻車」。一個人在完成自己的工作過程中，必然要接觸各種各樣的人，處理各種各樣複雜的事，其中有順心的，也有不順心的，有順利的，也有不順利的，有成功的，也有失敗的，如缺乏自制能力，放任不竭，勢必搞壞關係，影響團結，挫傷積極性，甚至因小失大，鑄成大錯，後悔莫及。這樣，當然很難把車馳到目的的了。因此，必須善於克制自己，不使自己的言行出格。

(五) 怎樣才能培養自己過人的自制力呢？

・盡量保持理智。對事物認識越正確，越深刻，自制能力就越強。

古希臘數學家畢達哥拉斯說：「憤怒以愚蠢開始，以後悔告終。」所以對自己的言行失去控制，最根本的就是對這種粗暴作風的危害性缺乏深刻的認識，因而對自己的感情和言行失去了控制，造成了不良影響。

・培養堅強的意志。蘇聯教育家馬卡連柯說過「堅強的意志 —— 這不但是想什麼就獲得什麼的本事，也是迫使自己在必要的時候放棄什麼的本事。……沒有制動器就不可能有汽，而沒有克制也就不可能有任何意志。」因此，反過來也可以說，沒有堅強的意志就沒有自制能力。堅強的意志是自制能力的支柱。意志薄弱的人，就好像失靈的閘門，對自己的言行不可能起調節和控製作用。

・用毅力控制愛好。一個人下棋入了迷，打牌、看電視入了迷，都可能影響工作和學習。毅力，可以幫助你控制自己，果斷的決定取捨。毅力，是自制能力果斷性和堅持性的表現。列寧是一個自制能力極強的人，他在自學大學課程時，為自己安排了嚴格的時間表：每天早餐後自學各門功課；午餐後學習馬克思主義理論；晚餐後適當休息一下再讀書。他過去最喜歡溜滑冰，但考慮到溜滑冰比較疲勞，使人想睡覺，影響學習，就果斷的不滑了。溜滑冰看來是小事，是個人的一個愛好，但要控制這種愛好，沒有毅然決然的果斷性就辦不到。常常遇到這樣一些人，嘴上說要戒菸，但戒了沒幾天就又開始抽了。什麼原因呢？主要就是缺乏毅力。沒有毅力，就沒有果斷性和堅持性，自制的效率就不高。可見，要具有強有力的自制能力，必須伴以頑強的毅力。

《四大名捕》中有一個捕快，他捉要犯的時候可以幾天不吃飯，如此強的毅力造就了他在江湖響噹噹的名號。其實很多事情都是這樣的，只要我們能堅持，事情就會自然解決。

(六) 什麼時候都別小瞧自己

人最怕的就是胡思亂想，自我設置障礙，因為這會令人煩躁，讓你不按常理去想事情，往往導致誤入歧途。比如你常在心中對自己說：可能不行吧，萬一怎麼怎麼樣。結果還沒去做，你就沒有信心了，事情十有八九會朝著你設想的不利方向發展。

人有積極的一面，也有消極的一面，若你發現自己變成了消極的一個人，你要大聲的對自己說：「我就是我。」即使別人對你講消極的話，最好不要再與他們講話，要在精神上形成樂觀的習慣。

戴絲是個典型例子。進企業不久，他就以其做事事無鉅細得到上司的賞識，並在不久後被提升為經理。但在這個位置上，他陷入了苦悶中，主要原因是他原來的做事方法在經理的位置上並不適用。當事情越來越難辦時，他決定採取主觀的行動，而並非撤出了事，把爛攤子扔給他人。經過幾次危險的嘗試後，他變得更具可轉性了，不再縮手縮腳。現在他已經得到企業總裁的職位。

丁謂的成功更能說明這個道理。

這位四十七歲的華裔加拿大人，身兼善美集團董事會主席和執行總裁。他不僅擁有香港最大的工業集團，還擁有世界一流的全球性行銷網路。

丁謂一九五七年，舉家遷往香港。一九六九年，當他十九歲時全家又移民澳大利亞。此時，丁謂父親已經去世，家道中落，只能半工半讀。

由於考慮到澳大利亞每天只有晚上幾個小時可供學習。讀完學士耗時八年之久，一九七四年丁謂移民到加拿大，向加拿大政府借學費進入多倫多大學攻讀電子工程。

在加拿大求學期間，丁謂仍得靠賺錢養活自己，他做過清掃廁所的員工，也在學校裡教低年級學生，十分艱辛。一九七七年，丁謂獲得了學士學位，繼續攻讀碩士。

丁謂並沒有因此而看不起自己，而是覺得自己讀書多年應該出去做點事，而在大企業打工，最多也只能做到工程方面的副總裁，於是在一九七九年底，他創辦了一家小企業，這是善美集團的前身。

如今，善美集團已經是一個國際性的商業集團，旗下包括多家在全球主要證券交易所（多倫多，蒙特婁，紐約，NASDAQ，東京，大阪，名古屋，法蘭克福和香港）和世界各地其他證券交易所（泰國，印度，斯里蘭卡，孟加拉，巴基斯坦）上市的公司，總市值達五十億美元。

善美集團在全球一百四十多個國家聘用十萬名員工。

一顆橡籽經過培養，會長成橡樹，它當然不會成為柳樹或者梨樹。這是普通的常識。但是，一個夢想成為總裁的打工者是否就一定能成為總裁呢？顯然後者比前者要複雜，因為人不同於橡籽的根本點是：人受環境和個人努力的影響很大。但有一點是肯定的，只要別小瞧自己，你就有希望。

（七）野心要大，姿態要低

五星上將喬治・馬歇爾一生中大部分時間都處於副手位置，但卻被人稱為「最偉大將領中的偉大將領」載於歷史史冊，並在美國人心中一直保持著不可磨滅的印象。這其中的緣由和奧妙就在於，馬歇爾以其卓越的才幹使他變成一個其他人無法替代和超越的人。馬歇爾有著認真、謹慎的工作態度、優秀的觀察、組織和協調能力以及誠懇、無私的高尚品質，這一切都使他在每一個副手職位上取得了輝煌的成績。

馬歇爾以其出眾的才華贏得了陸軍部長史汀生的信任和讚賞，從而成為他最重要的幫手。當一九四一年三月，羅斯福總統要史汀生派一些高級軍官去歐洲視察時，他最先的反映便是：「我不願馬歇爾這個時候離開，他在這裡太重要了。」有時，馬歇爾去觀看演習，他都在日記中寫道：「我覺得他去得太久了。」一九四二年一月，當邱吉爾要求讓馬歇爾陪他去美國南方去旅行時，史汀生忍不住的抱怨起來：「我並不反對邱吉爾去休息，但是，我感到不安的是，他要馬歇爾將軍陪他一起去南方……馬歇爾很忙，有做不完的工作，也不應該讓他離開工作……我認為，這是總統不應該做的輕率決定之一。」而當一九四三年五月，邱吉爾再次要求馬歇爾陪他到非洲旅行時，史汀生將軍已變得十分憤慨，他說：「要想從美國挑出一個最強的人，那人肯定是馬歇爾；在他身上，寄託著這場戰爭的命運……而這次遠行並不需要他，只是為了滿足邱吉爾的願望，我認為這樣做太過分了。」甚至連羅斯福都說：「是啊，要是把你（注：指馬歇爾）調離華盛頓，我想我連睡覺都睡不安穩的啊。」

透過這些事實，我們發現，馬歇爾正是靠著他出色的業務才幹贏得了不僅僅是上級的信賴，幾乎所有的美國人都認為他是一個偉人，他的上級任何時候都會感覺離不開他，迫切的需要他。

也許有的副手對自己是否會勞而無功感到擔憂，也許有的副手會認為有比開拓業務更輕鬆簡潔的方法，也許還會有人認為只有權力才是自己前途的最好保障，這些想法都有一定的道理，但絕不可取。副手立才不立權，並不意味著副手手中無權，也沒有什麼影響，而是說，副手不要透過耍弄權術來達到目的，副手應當透過扎扎實實的工作，透過業績來樹立自己在組織中的權威，提高自己在老闆眼中的形象。

許多研究老闆行為的國外學者認為，權力（權威）其實就是一種影響力，一種能夠對他人的思想和行為產生某種決定作用的能力。正職與副手之間也正構成了某種相互影響、相互依賴的關係。當一位副手的工作出色得令主管無法忽視甚至感到無法離開你時，這其實等於說，你已在無形中構成了對主管的影響力，形成了某種潛在的權威。由於你任勞任怨的開拓業務，毫無「篡權」的野心，勢必會取得主管的信任，把你當作可以信賴的人，賦予你更多的職責和更大的許可權。

這使人不禁想起老子那句「無為故無不為」的至精妙語，這其中真正包含了深邃奧妙的人生道理，使強求者獲得了他們想要的（也可以說是應得的）東西，達到縱橫捭闔之境。

是金子總會發光，但我們要韜光養晦，不能在上司面前處處表現自我，張揚自己，如果這樣，特別是當你身處「最低處」時，只能給我們的升遷路惹上不必要的麻煩。每個主管都不會希望你比他強在某些方面，所以我們應該在適當的時候隱蔽自我，做到以退為進，方是一大勝招。

四、做事不光是為了自己的利益著想

工作為了誰：不用扭扭捏捏，當然為了自己。但是你不能狹義的理解這裡的「為自己」，以至於只是為了薪資工作。

要知道，你只有變換考慮問題的角度，多為公司、為老闆著想，你的職業前途才更光明，才能真正達到「為自己」的最佳效果。

(一) 了解上司是做事圓滿的必要條件

當你接到一項任務，你用人去做了，也能為上司著想，但有時仍不能滿足上司的要求，其原因大多是你對自己的上司缺乏必要的了解。

作為一個打工者，要經常面對老闆。做工作要得到老闆的賞識，配合他的思想和原則，必須了解老闆的所思所想。這其中，察言觀色是很重要的一招。

有些深得老闆寵愛的下屬往往在老闆提出問題之前，已經把答案奉上，自然會春風得意。因為一般說來，向下屬交代事情，總是需要耗時費力，生怕下屬不理解或理解得不透徹。如果你能準確的把握老闆的要求，就可大大減輕老闆的精神負擔，讓他可以騰出腦袋空間，去思考別的事情。

老闆是不可能在職員面前經常和顏悅色的，一是做老闆的幾乎每分鐘都在思考工作，集中精神在生意上，許多時候會視而不見、聽而不聞；二是人要每一分鐘保持微笑也是很累的，在下屬面前的確不必強打精神，裝作客氣。所以，當下屬的千萬不要太敏感。

要熟悉老闆的性格，應該主動與他多接觸，多談話，要克服因老闆威儀而造成的心理屏障和自己無可避免的自卑感。

只有與老闆熟悉了，從老闆的舉手投足、回眸顧盼中都可知曉其心理，達到內在的溝通，你才能成為老闆的愛將。

但有時候，你必須首先解決好與老闆的溝通障礙問題。

二十七歲的朝暉是一家公司的祕書，她的經理是軍人出身，他對人講話總是不自動的有一種咄咄逼人的味道。每次開例會的時候，他都會大聲對朝暉說她有什麼事情應該做而沒有做！這導致朝暉工作的時候很緊張，特別是當經理一站在她的身邊問話，朝暉就感到腦子裡一片空白。「這樣在他的面前我就像一個白痴！」朝暉感到很委屈，「我不能和他討論任何問題，我不知道他為什麼這樣對我！真想換一個工作。」

在辦公大樓生涯裡我們遇見過許多類似朝暉這樣的情況，但換一個工作是否能夠真正的解決問題？不用專家建議我們都知道這是不可能的。在這類事情中，我們首先應該讓自己遠離一種「受害人」的角色。所謂「受害人」，指我們總認為別人是在針對自己，特別是頂頭上司。「他總是大聲指責我」。「我幾乎不敢和他交流」等等。

我們首先應該弄清楚老闆真正的用意。因為一旦你認為老闆是在針對你個人，那麼以後你自己就很難和他進行有效的交流。這樣只會加劇問題。在你最終決定採取行動的時候（比如辭職），你應該回頭看看作為一個老闆他這種表達方式的用意是什麼。

後來朝暉明白，她的經理作為一名出色的行政人員，只是認為這種咄咄逼人的談話方式令他的工作更加有效率。朝暉解釋說，儘管我依然不喜歡，我自己感覺舒服多了。甚至有一次我很坦率的告訴他：「我想你可能沒有意識到這一點，但是每當你提高聲音對我說話，反而讓我沒辦法很好答覆你的問題。」結果，雖然朝暉的老闆依然用那種方式講話，但是他們之間的關係融洽了很多。

話不說不清，禮不弄不明。溝通有時能達到預想不到的效果，尤其是上下級之間有了誤解甚至隔閡的時候。而這時溝通的藝術性就顯得非常重要。

面對上司的冷淡態度，你千萬不可意氣用事，橫眉冷對或無動於衷。積極的態度應當是心平氣和的找上司進行溝通。注意，一定要找個適合談心的場所，並選擇好時機，在整個談話過程中營造出隨意自然的氣氛。首先如果大老闆找你談的話可以公開的話，你可以對你的直屬上司講明談話內容。自己的工作業績得到公司主管肯定和表揚時，得真心感謝上司的幫助和栽培，這不是奉承。讓上司明白：你是真心真意感謝他，你不是一個忘恩負義的人，你的每一點進步，都與他的培養密不可分。

然後，你要誠懇的指出自己的缺點和不足（每個人身上肯定找到一兩點），希望上司能繼續對你嚴格要求，說明你改掉缺點，使上司處於一個幫助人的位置上，他就會盡其所能，為你創造機會，為此他很容易看到你的進步與他是分不開的，找到一份屬於自己的成就感和滿足感。

與上司經常進行富有藝術性的溝通，可以幫你建立一個融洽和諧的工作環境，使你對上司的工作習慣、個人脾氣有一個清楚的認識，自己做事中哪些該做、哪些不該做，以什麼方式去做也就心中有數了，自然便於你看臉色行事。這也是事業取得成功的必要條件。

（二）從公司和上司的角度出發

估計你會有這樣一種感受，當你正為一件事焦慮的時候，如果你的朋友或家人也在為你的事情著急，那麼你的焦慮可能會有所緩和，這是人類的一種共同心理，小時候，你不小心摔倒在地上了，如果周圍沒有人注意你，你會小哭一會或直接就爬起來，但要是有人密切注意你的一舉一動時，你會號啕大哭，以博取同情，這種心理與上面所講的心理在本質上是一樣的，或許，會有多人焦慮，表示會有人替你承擔一些責任或痛苦吧！

如果你是老闆，你一定希望你的員工能和你一樣，將工作視為自己的事業加倍努力、勤奮和積極主動。因此，當你的老闆向你提出這樣的要求時，請你不要拒絕。

以老闆的心態對待公司，你就會成為一個值得信賴的人，一個老闆樂於聘用的人，一個可能成為老闆得力助手的人。更重要的是，你就能完全清楚自己的目標並全力以赴。

一個將企業視為己有並盡職盡責完成工作的人，終將會擁有自己的事業。許多管理健全的公司，正在創造一些使員工成為公司股東的機會。因為人們發現，當員工成為企業所有者時，他們表現得更加忠誠，更具創造力，他們也會更努力工作。有一條永遠不變的真理：當你像老闆一樣思考時，你就成了一名老闆。

當你以老闆的心態對待公司時，公司也將會按比例付給你報酬的。獎勵時間可能不是今天，但明天或明年一定會兌現，只不過兌現的方式不同而已。然而在今天這種狂熱和競爭環境下，你一定在感慨自己的付出與受到的肯定和獲得的報酬並不成比例。下一次，當你感到工作過度卻得不到理想薪資、未能獲得上司賞識時，記得提醒自己：你是在自己的公司裡為自己做事，你的產品就是你自己。

假設你是老闆，試想一想你現在是那種你喜歡雇用的員工嗎？當你正考慮一項困難的決策或者正思考如何避免一份討厭的差事時請反問自己：如果這是我自己的公司，我會如何處理？當你所採取的行動與你身為一名員工時所做的完全相同的話，你已經具有處理更重要事物的能力了，那麼你的升遷自然水到渠成。

(三) 我為公司，公司為我

約翰·甘迺迪在總統就職典禮上所講的話，不僅是一個國家，同樣也是商業、職業乃至生活中獲得成就的基本準則。

他說：「不要問你的國家能為你做些什麼，而應該問你能為國家做些什麼。」

這句話準確的說出了大多數人無法獲得成功的原因，並改變了我們對工作的看法。在過去，我們更關心自己的利益，關心自己是否能夠獲得足夠的支援。而現在我們發現，其他人也一樣的「精明」，這使商場和職場的工作舉步維艱。在和家人、朋友相處的過程中，很少有人考慮「我能為他們做些什麼」，他們總認為人是自私的，索取是天經地義的。

甘迺迪的話完全可以改變你我。在商場，我們應該提供物超所值的產品和服務給客戶 —— 這是我們能為他們做的，也是他們渴望得到的。畢竟，我們需要客戶遠遠大於客戶需要我們。

「我們能為客戶做什麼」的準則，指導著每一個策略。

在職場，你要學會站在公司、主管、員工、同事的立場來看「我能為他們做什麼」。這會為你帶來更愉快的合作和更高的工作效率。面對家人和朋友，「我能為他們做什麼」的想法使生活變得豐富而讓人留戀。當你這樣做時你會發現，給予他人越多，你就能獲得越多。

在滿世界都是「聰明人」的今天，甘迺迪四十多年前的教誨仍應是每個職業者的行為準則。想一想，難道你在公司的位置真的無人替代嗎？你的客戶就非得和你做生意嗎？地球少了你就再也不轉動了嗎？顯然，這不是事實。

那些始終思考「我能為公司做些什麼」的職業者根本不用擔心沒有機會，更不用擔心失業。因為他們想對了問題，做對了事。而整天在考慮「公司能給我提供什麼？公司能為我做些什麼？」的朋友，論資歷還是實力，不妨想一下是否值得別人為你這麼做？是否老大到舍你其誰的地步？我想你已經發現事情對你來說並不順利吧！

「不要問我你的公司能為你做些什麼，而應該問你能為公司做些什麼。」如果要說打工成功有什麼祕密的話，這條策略將是其一。

(四) 像老闆一樣積極主動

如果你想早一天做到總裁的位置上，辦法只有一個，那就是比老闆更積極主動的工作。

與此恰恰相反，很多人認為，公司是老闆的，我只是替別人工作。工作得再多，再出色，得好處的還是老闆，於我何益。存有這種想法的人很容易成為「按鈕」式的員工，天天按部就班的工作，缺乏活力，有的甚至趁老闆不在沒完沒了的打私人電話或無所事事的遐想。這種想法和做法無異於在浪費自己的生命和自毀前程。

英特爾總裁安迪．葛洛夫應邀對加州大學伯克利分校畢業生發表演講的時候，提出以下的建議：「不管你在哪裡工作，都別把自己當成員工──應該把公司看作自己開的一樣。」事業生涯除了自己之外，全天下沒有人可以掌控，這是你自己的事業。你每天都必須和好幾百萬人競爭，不斷提升自己的價值，精進自己的競爭優勢以及學習新知識和適應環境；並且從轉換中以及產業當中學得新的事物──虛心求教，這樣你才不會成為某一次失業統計資料裡頭的一分子。

五、別人做不到的，你要做到

如果只是悶頭做事，至多給上司留下一個踏實肯做的印象。要使自己的職涯不斷突破，這顯然遠遠不夠。取得老闆、上司的格外賞識，就要在關鍵時刻露一手，別人想不到的你想到了，別人做不成的事你完成了。尤其在上司心急如焚的事情上你能給他一個意外的驚喜，想不被提升都難。

(一) 千方百計完成別人做不成的事

也許平時你默默無聞，但關係公司重大利益或老闆個人成敗的關鍵時刻你挺身而出，完成了別人做不成的事，同事、上司、老闆都會對你刮目相看。

(二) 關鍵時候挺身而出

常言道，疾風知勁草，烈火煉真金。在關鍵時刻，主管會真切的認識與了解下屬。人生難得的機遇，不要錯過表現自己的極好機會。當某項工作陷入困境之時，你若能大顯身手，定會讓主管格外器重你。

安德烈．卡內基是美國賓州一座停車場的電信技工。

一天早上，調車場的線路因為偶發的事故，陷於混亂。

此時，他的上司還沒上班，該怎麼辦？他並沒有「當列車的通行受到阻礙時，應立即處理引起的混亂」這種權力。如果他膽大包天的發出命令，輕則可能捲鋪蓋走路，重則可能鋃鐺入獄。

一般人可能說：「這並不關我的事，何必自惹麻煩？可是卡內基並不是平平之才，他並未畏縮旁觀！

他私自下了一道命令，在文件上簽了上司的名字。

當上司來到辦公室時，線路已經整理得和從來沒有發生過事故一般。這個見機行事的青年，因為露了漂亮的這一手，大受上司的稱讚。

公司總裁聽了報告，立即調他到總公司，升他數級，並委以重任。從此以後，他就扶搖直上，誰也擋不住了。

卡內基事後回憶說：

「初進公司的青年職員，能夠跟決策階層的大人物有私人的接觸，成功的戰爭就算是打勝了一半——當你做出分外的事，而且戰果輝煌時，不被破格提拔，那才是怪事！」

有這樣的情形，主持會議的老闆是一個鐵腕人物，大家因崇拜而磨滅了自己的見識，於是會議順利進行。

「智者千慮，必有一失，愚者千慮，必有一得」，當你發現決議有問題，若按此辦將來可能出大婁子，就應該鼓足勇氣提出來。要知道，你可能窮盡畢生努力，也不會得到別人的賞識，而抓住這一機會，就可能把你的能力和價值展現給同事和主管，特別是意見未採納，人們更會在後來的失敗中憶起你的表現，讚歎你的英明。其實，在遇到表現自己的機會時往往不是沒有能力表現，而是一種「別人沒動，我出頭會讓人說閒話」，或者一種天性中的自卑阻礙你挺身而出。

日本的笑話故事書《長屋賞花》裡有這樣一個小故事：有一位窮人到郊外去賞花，附近都住著生活很豪華的人，他看了，不禁感慨的說：「大家都打扮得這麼漂亮，衣著豔麗，我身上穿的也是衣服，不過太破舊了，脫下來簡直還不如他們的抹布呢！」房東聽到這句話，立刻申斥他說：「把每個人身上的皮都剝下來，大家都只剩下屍骸與骨頭，有什麼自卑的必要。」

在感到對方的威嚴而膽怯時，就要立刻去想出他與你的共通點：剝去皮，大家都一樣。自己就再也沒有畏縮的必要了。

再進一步，如果能夠找出對方的毛病，你的信心更會大增。

(三) 培養自己做大事的素養

你是否有過這樣的困惑，為什麼同樣的一個建議，在你的口中說出與在別人的口中說出所產生的是截然不同的兩種效果？在某種情況下，為什麼有著比別人更出色才能的你，卻無法像別人那樣得到團體的認可呢？你又是否意識到這種現象對你的職場進階有著一定的影響呢？

所以我們說，關鍵時刻能夠露一手，並以此作為升遷的手段絕不是撞大運，而是靠平常各個方面的累積和磨練。

・誠實守信

這個市場化的社會在權力、金錢等各種欲望的充斥下，變得爾虞我詐。「誠實」成了「老實」的代名詞，而「老實」又似乎成了「無能」的標誌。於是，剛從校園裡面出來的書生，也會為找一份理想的工作，而演繹出在履歷上出現了同一所大學有三個學生會主席的鬧劇。可是這種欺騙帶來的，只是對自己前途的阻礙。

試想，一個欺詐而不講信用的人，連人格都讓人產生懷疑。關鍵時刻即使你能挺出身來別人未必信你。

・學會傾聽

在職場上，學會如何表現自己，是一件非常重要的事情。

很多人認為「說」比「聽」更能展現自我。這並沒有錯，但是你是否想過自己所說的是不是能被團體所接受？

在日常生活中，有一些人在大家七嘴八舌的討論時，他總是一聲不吭的在一邊靜靜的坐著，仔細聆聽著別人的發言。到最後，他才會站出來果斷的說出自己的意見。因為「聽」首先是對他人的一種尊重，同時也可以幫助你了解別人的思想，了解別人的需求，了解自己和別人的差異，知道自己的長處和不足，當掌握了一切資訊以後，你所提出的意見就會站在一個新的起點上，站在團體的角度上。所以最後的發言在某種時候，因為掌握了更多的資訊，見解也就更深入、更權威。如果你每一次的意見都是相對正確的，那麼自然而然的在他人心中便樹立起了權威形象。

第六章　把握好時機，才會成就自己

・重視身邊的每一個人

你要讓別人重視你，樹立起你的權威形象，就必須要學會重視別人。現代社會，生活節奏加快，交流增多，「Hi」一聲就可以認識一個新的朋友。也許對你來說，要記住每一張新臉孔實在不是一件易事，於是，再次見面卻想不起他人名字的尷尬場景便會常常發生在我們身上。可是有誰意識到這其實是對他人的一種忽視和不尊重呢？心理學家發現，當許多人坐在一起討論某個問題時，如果在你發言中提到了多個同事的名字及他們說過的話時，那麼，被提到的那幾個同事就會對你的發言重視一些，也容易接受一些。為什麼一個稱呼會引起這麼大魔力呢？那就是「被重視」這個因素在起作用。所以，讓我們從記住別人的姓名做起，重視身邊的每一個人，才能得到其他人的重視和尊重。

・從大局的利益出發

一個人待人處世如果只從自己的利益出發，那就不可能得到團體的認可，也更談不上樹立自己在他人心目中的權威形象了。

・果斷的提出你的意見

如果你做到了以上幾點，你就可能取得大家的信任與尊重。但是如何來表現你的權威呢？你平時成績必須要做到自己心裡有底，說話要堅決。

有些人，在工作中面對某些問題時，明明有自己的見解，卻思前想後，猶猶豫豫，等到其他同事提出時才懊悔不已。一次一次的錯過，使得你失去了很多表現的機會；還有一些人，平時說話老是模稜兩可，明明是一個正確的意見，卻讓他人產生模糊的感覺，這也會讓他人對你的權威性產生懷疑。

所以，你考慮好了，馬上說出來。

(四) 該出手時才出手

打籃球搶籃板時不知你是否有這樣的體會：跳得太高了，不行；太低了，更不行;時間太早了，不行;時間稍遲幾秒，也不行。只有目盯籃板，根據準確的經驗判斷，你才能準確的搶到籃板，羅德曼不是最高的運動員，卻是威懾籃下的籃板王；華萊士也是靠其強悍的作風和準確的判斷橫行籃下。

(五) 把主管不願承擔的事接過來

主管負責範圍內的事情很多，但並不是每一件事情他都願意做、願意出面、願意插手，這就需要有一些下屬去做，去代老闆擺平，甚至要出面護駕，替主管分憂解難，贏得主管的信任。有些人很不注意主管願意做什麼工作、迴避什麼事情，往往容易得罪主管，惹出麻煩。

- **主管願做大事，而不願做小事。**

理論上講，主管的主要職責是「管」而不是「做」，是過問「大」事而不拘泥於小事。實際工作中，大多數小事由下屬來承擔。

從心理的角度分析，主管因為手中有「權」、職位較高，面子感和權威感較強，做小事顯然在他看來降低了自己的「位置」，有損主管形象，比如打掃辦公室環境、倒茶、接電話等都是主管不願意做的。一個剛走上主管職位的人講:「我最早也是從掃地倒茶走過來的，也是從媳婦熬到婆婆的，這回輪到你們掃地倒茶了。」

- **主管願做「好人」，而不願做「醜人」。**

工作中矛盾和衝突都是不可避免的，主管一般都喜歡自己充當「好人」，而不想充當得罪別人或有失面子的「醜人」。

願當好人，不願演丑角的心理是一般普遍的主管心理。此時，主管最需要下屬挺身而出，甘當馬前卒，替自己演好這場「雙簧」戲。當然，這是一種比較艱難而且吃力不討好的任務，一般情況下，主管也難以啟齒對下屬交代，只有靠一些心腹揣測老闆的意思然後硬著頭皮去做。做好了主管心裡有數，但不會講什麼明確的表揚；如果下屬因為心粗或不看眼神把主管弄得很尷尬，主管肯定會在事後發火。

・主管願領賞，不願受過。

代主管受過除了嚴重性、原則性的錯誤外，實際上無可非議。從公司工作整體講，下屬把過失的原因歸結到自己身上，有利於維護主管的權威和尊嚴，把大事化小、小事化了，不影響工作的正常開展。從受過的角度講，代主管受過實際上鍛鍊了一個人的義氣，並使自己在被「冤枉」過程中提高預防錯誤的能力。

結果，因為你替主管分憂解難，贏得了他的信任和感激，以後主管肯定會報答你，給你「享特權」。

(六) 以自己的表現彌補主管的不足

事情總有正反兩方面，驕傲自大就是一例。有驕傲自大的人，一方面因為有「只要有我在」的氣概去面對困難的局面，使人覺得其很有雄心，但從另一方面看，如果太過自負而獨斷專行，則容易被人敬而遠之。

作為上司和下屬要有的心理準備是，工作不僅要依賴自己的能力，同時也要知道個人的能力總是有限的，因此上司和下屬應該學會相互依靠。

能幹的下屬，容易流露出輕視上司的情緒，這是十分危險的。如果真有能耐的話，就應以自己的能耐去彌補上司的不足，這才是正確的方法。有位名人曾說過：「上司絕不是愚蠢的，如認為他是愚蠢的就是太自負了。」

・ 下屬應該填補上司不擅長或能力不足的方面。技術幹部出身的上司，如果不擅長與其他部門交涉，則下屬應該負責與部門人員的交涉和談判等事情。相反，如果上司擅長與人交涉和談判，但卻不擅長於工作細節的考量和擬定詳細的計畫等，則下屬就應該主動擔負這些工作。

・ 如果下屬以某種施恩的態度來承擔這些工作，就會引起相反效果。

另外，下屬有些工作，起初是為了替上司解難才承擔的，如果弄得自己太突出，就容易招致誤解：「這傢伙愛出風頭。」

這並不是說下屬不該替上司解難，而是要把這種替代工作控制在適當的範圍內。

這種分寸不好掌握，既要幫助上司，又要保全上司的面子，但卻是一定要做到的。

・ 不可踏入上司的領域，盡快抓住扮演上司所需的角色。

的確，每一位上司都有他不可侵犯的聖域，也就是他最得意而引以為傲的領域。有些下屬工作能幹，卻不小心而在上司的領域裡隨便插嘴，或任意要為，這是很不好的。

上司總是認為，能夠彌補自己缺點的能幹下屬，是可靠的；但是對上司擅長的領域也要插手的下屬，會被上司認為愛出風頭，如果經常這樣做，上司就會警覺，長此以往，說不定會演變成敵對關係。

曾創造出號稱「世界的本田」的本田宗一郎，有一位事業上的好夥伴，名叫藤尺武夫。這兩個人被公認為事業上的「好搭檔」，但彼此的性格和擅長卻完全不同。本田是一位自由奔放、喋喋不休的人，而藤尺卻是一個句句有條有理的邊想過講的人。本田負責技術部門，藤尺專司銷售部門，兩個人從沒有在對方的領域插過嘴。藤尺在經營方面發揮非凡的才能，但始終很尊重本田先生，他本人也從來不出風頭。

直至現在，這兩個人仍為大家津津樂道，且被視為絕佳的搭檔，這完全是兩人彼此信賴對方的能力，而不曾干涉對方領域造就的。

首腦與副手的關係應該如此，老闆與下屬的關係也應該如此。如想成為上司的得力助手而受信賴。應該與上司配成搭檔，努力成為他的好夥伴。以你的力量使上司發出光輝，其終極結果你也會發出光芒。

六、你具備與眾不同的能力嗎

自認為懷才不遇的人很多，但在怨尤和憤怒中請先反省：你真的具備與眾不同的能力嗎？

(一) 你在感歎「懷才不遇」嗎？

有人說，世上最難伺候的是所謂「懷才不遇」的人物。

懷才不遇也許是讀書人的「專利」，沒見過木匠、瓦匠、理髮匠發出懷才不遇的牢騷，偏偏就讀書人讀了幾本書、寫了幾篇文章，就自認為有治國天下之才，眼睛長在頭頂上，萬一求職不遂，或沒有人三顧茅屋邀請，便大歎懷才不遇。

不可否認，懷才不遇的人很多；因懷才不遇而發出不滿和牢騷的人很多，但努力充電、隱忍待時的很少。

懷才不遇的原因不一，或者伯樂難尋，或者錯失機會，或者只有伯樂市場供需不均的環境問題。但不管出自什麼原因，在遇到表現機會之前，必須不斷充電，默默做事，一步一個腳印，累積工作經驗和人生閱歷；必須謙遜忍讓，淡泊名利，以更高的規格要求自己；必須等待風起揚帆，宏圖大展的那天到來。

(二) 機會留給準備好的人

戰國時期縱橫家的代表人物張儀和蘇秦便是懷才不遇的典型。張儀是魏國人，窮困潦倒，頗不得志，奉派到楚國遊說，楚王不理他，楚國的令尹（宰相）留他在家裡做客。有一次，令尹家裡遺失了名貴的璧玉，令尹門下懷疑是張儀偷的，把他抓起來打得半死。張儀死也不承認，後來被釋放回家。

張儀回到家中，妻子悲歎說：「你若不是一心讀書遊說，哪會受到這種屈辱？」張儀卻樂觀的反問妻子：「你看我舌頭還在不在？」妻子笑著說：「舌頭還在。」張儀說：「這樣就夠了。」

果然留得舌頭，不怕不出頭。後來，張儀就憑著三寸不爛之舌，以「連橫」策略遊走各國，幫助秦國統一天下。

蘇秦是張儀的同學，兩人一起拜鬼谷子為師，都有不所用的淒涼境遇。蘇秦也未心灰意冷，回到故里，加倍勤學，「懸梁刺股」的成語，說的就是蘇秦。蘇秦研究當時各國的狀況，總結出「合縱」的策略，到各國遊說，同樣開創一番大業。

張儀和蘇秦不但是懷才不遇的典型，更是典範。他們不因懷才不遇而沮喪、怨尤和憤怒，遮蔽了眺望未來的視野。他們懂得反躬自省：我夠努力嗎？我真的具備與眾不同的能力嗎？我是不是正面、積極的在「就業市場」打拚？是不是確實掌握了每一個稍縱即逝的機會？反省後，充實不足之處，拿出勇氣與行動力，脫離困局，開創新局面。畢竟，機會是留給準備好的人。

（三）透過實戰檢驗方成為「才」

「才」不「才」，需要實戰檢驗，通不過檢驗的不是「才」。舉一個著名的個案：戰國時期趙國的趙括，在投入戰場之前，絕對是個青年才俊。他有個名將父親趙奢，趙奢，趙括從小跟著爸爸研讀兵法，辯論時常辯得爸爸啞口無言。但趙奢不怎麼高興，反而說：「戰爭是死生大事，趙括談起戰爭來卻很隨便。他若當統帥，使趙軍覆滅的，一定是他。」趙國名相藺相如也說：「趙括只會死讀他父親的兵書，不知隨機應變。」

但趙括的缺點，一般人不一定看得出來，包括趙王。趙王欣賞趙括，派他擔任主帥。結果趙括不知變通，死守兵法，長平之役，全軍崩潰，四十餘萬趙軍慘遭活埋。我們現在譏諷人家「紙上談兵」，說的比做的好聽，往往便以趙括為案例。

我們回過頭來看，在實戰之前，趙括是才。如果趙括不受重用，他便有哀歎懷才不遇的理由。也許他會抱怨，也許不會，但實戰後卻發現，根本不會有懷才不遇的問題，因為他稱不上什麼「才」啊！若有也只是口才，不是軍事長才。

懷才不遇的人，不要大哀歎中自暴自棄，喪失成長的可能；就算要抱怨，也請確認，你真的是「有才」而不遇嗎？

超越平凡！成為職場高手的事業藍圖：

面試、溝通、品牌建立，為你的職業生涯提供清晰方向

作　　者：康昱生，柳術軍

發 行 人：黃振庭

出 版 者：財經錢線文化事業有限公司

發 行 者：財經錢線文化事業有限公司

E-mail：sonbookservice@gmail.com

粉 絲 頁：https://www.facebook.com/sonbookss/

網　　址：https://sonbook.net/

地　　址：台北市中正區重慶南路一段六十一號八樓 815 室

Rm. 815, 8F., No.61, Sec. 1, Chongqing S. Rd., Zhongzheng Dist., Taipei City 100, Taiwan

電　　話：(02)2370-3310

傳　　真：(02)2388-1990

印　　刷：京峯數位服務有限公司

律師顧問：廣華律師事務所 張珮琦律師

定　　價：370 元

發行日期：2024 年 02 月第一版

◎本書以 POD 印製

國家圖書館出版品預行編目資料

超越平凡！成為職場高手的事業藍圖：面試、溝通、品牌建立，為你的職業生涯提供清晰方向 / 康昱生，柳術軍 著 . -- 第一版 . -- 臺北市：財經錢線文化事業有限公司，2024.02

面；　公分

POD 版

ISBN 978-957-680-757-2(平裝)

1.CST: 職場成功法

494.35　113000756

電子書購買

臉書

爽讀 APP